数学——

代数、数学分析和几何

（10—11年级）

[俄罗斯] И.Ф.沙雷金　编著

周春荔　译

哈尔滨工业大学出版社
HARBIN INSTITUTE OF TECHNOLOGY PRESS

内容简介

本书为俄罗斯10－11年级使用的几何教科书的中译版.全书对几何学的定理及定义介绍得非常细致且全面,每节后的"课题,作业,问题"部分,能让学生快速地掌握知识点.

本书适合高中生、大学生及数学爱好者阅读及收藏.

图书在版编目(CIP)数据

数学:代数、数学分析和几何:10－11年级/(俄罗斯)И.Ф.沙雷金编著;周春荔译.—哈尔滨:哈尔滨工业大学出版社,2021.1

ISBN 978－7－5603－9230－1

Ⅰ.①数… Ⅱ.①И… ②周… Ⅲ.①数学—教材 Ⅳ.①O1

中国版本图书馆 CIP 数据核字(2020)第 267652 号

策划编辑　刘培杰　张永芹

责任编辑　关虹玲

封面设计　孙茵艾

出版发行　哈尔滨工业大学出版社

社　　址　哈尔滨市南岗区复华四道街 10 号　邮编 150006

传　　真　0451－86414749

网　　址　http://hitpress.hit.edu.cn

印　　刷　哈尔滨市工大节能印刷厂

开　　本　787 mm×1 092 mm　1/16　印张 13.5　字数 228 千字

版　　次　2021 年 1 月第 1 版　2021 年 1 月第 1 次印刷

书　　号　ISBN 978－7－5603－9230－1

定　　价　48.00 元

10 年级

目 录

11 年级

引　言

然而需要没有冒名顶替地活着，
这样活着，希望到最后，
将喜爱的空间拉回到自己身边，
静听未来的呼唤．

——Б. 帕斯捷尔纳克

你们大概知道下面的谜题：

摆放 6 根火柴，使得它们形成 4 个等边三角形，其边长等于火柴的长度．

解这个问题必须在空间里进行且火柴的摆放需如图 1 所示．这个问题在平面上是不可能的，但在空间里却成为可能．

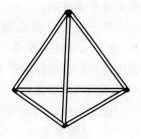

图 1

现在考察图 2. 不需要有很好的空间想象力，为的是在这个图中画的朝圣者的设计——不能是物体．看起来，这也许可能．

平面几何是研究平面的性质和平面图形的，然而所有这些数学的抽象物体，在现实中是不存在的．立体几何是研究现实三维空间的性质和三维体的．与物理学研究理想气体和铁相似，数学研究理想的体，其形状和大小都是理想的，但在自然界中是不存在的，所以在某种程度上立体几何——是物理学的"女亲属"．在确定的意义下分离数学与物理学感兴趣的范围，物理学是研究颜色、质量、热传导和其他特性的，而数学只对物体的形状和大小感兴趣．

图 2

图 3 表示的是什么呢？第一，在这幅画中能看到在屋子的一角放置着立方体，第二，还能看到被切去一角的立方体，最后，可以意识到有两个立方体：大的且对它"镶上"小的．这幅画得出属于非单值的范畴．

图 2 和图 3 是专门进行创作的,类似的方法常常被用在艺术家的作品中. 这样的图当证明定理或解题时出现是不会作立体几何图形来证实的,因其表示的立体规则是没有意义的.

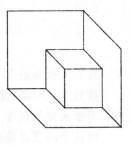

图 3

对于表示多面体是最方便的,特别简单的有:三棱锥、立方体、棱柱,等等. 我们注意到,在立体几何图形中,画出相应的多面体的所有的棱,对看得到的棱画实线,而对看不到的棱画虚线.

图 4 中所示的有立方体、三棱锥、四棱锥,以及三棱柱."看"这些多面体并不难,而图 5 所示的是圆锥和……猜想得到第二个图形表示的是球,是不容易的. 在学习立体几何的教程中,基本的立体最不方便表示的是球. 所以在解许多问题时,它的条件中若出现球,则作为规则,它不用画图,只是在相应的图中指出它的中心和某些特有的点.

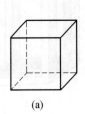 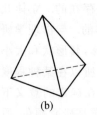 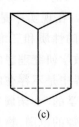 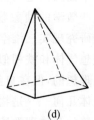

(a)　　　　　(b)　　　　　(c)　　　　　(d)

图 4

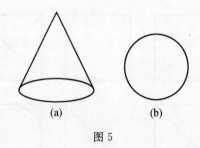

(a)   (b)

图 5

▲■● 课题,作业,问题

1. 将 12 根火柴摆放在一起,使得它们形成 6 个边长等于火柴长的正方形.

2. 想出某些个不同的多面体(这些多面体的区别不只是大小).

3. 有 5 个顶点的多面体能有多少条棱?

4. 学生素描某些多面体,然后在每幅画中擦去所有内部的线,只剩下外形轮廓,结果得到图 6 所示的多面体. 对于每个多面体,指出学生画的会是怎样的多面体. 在每种情况中尽可能多地求得某些解.

 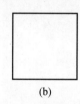 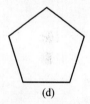

(a)   (b)   (c)   (d)

图 6

5. 图 7 所示的是从前面看和从上面看某个立体的样子.指出怎样的物体从前面看和从上面看能是这个样子(图中不存在虚线意味着对应物体没有看得到的棱,或者这些看不到的线是隐藏在看得到的线后面的).

6. 构想出某个"不可能"体的画面.

7(T). 存在有奇数条棱的多面体,它的所有界面的多边形都有奇数条边吗?

· 3 ·

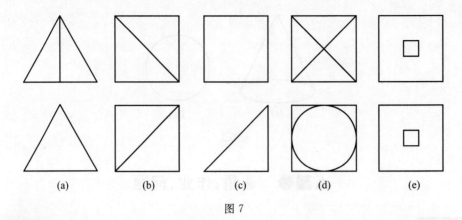

(a)   (b)   (c)   (d)   (e)

图 7

8. 证明:存在棱数大于 5 且不等于 7 的任意棱数的多面体.

9. 立方体——这是六面体,它有 8 个顶点和 12 条棱.立方体的所有界面都是四边形.构想某个六面体,它有 8 个顶点和 12 条棱,并且有的界面的边数不等于 4. 能有 4 个界面是三角形而剩下的两个界面是六边形的六面体吗?

10. 存在界面多边形的边数大于多面体的面数的多面体吗?

10 年级

10 年愛

第1章 空间的直线和平面

1.1 空间的基本性质

三维空间——这是现实的空间,我们生活在其中,它的性质照字面的介绍每天都在发生,而平面——二维空间——是数学的抽象概念,只存在想象中.然而当学习了几何学时,我们就从平面进入了空间,从数学的观点来看这样的次序性很方便且符合逻辑性.

学习空间几何学,这正像学习平面几何,从引进基本的不加定义的对象开始并列举它们的性质.于是,怎样的对象是不加定义的呢?

首先和平面几何学一样,在空间中有点和**直线**.它们的性质与我们前面学习的性质没什么区别.例如,在平面上,**通过空间的任意两点能引唯一的一条直线**.然而除在空间的点和直线以外还有平面.

可以询问:"平面是什么吗?"然而我们却不能给出这个问题的精确回答.事实上,平面正如我们前面说过的点和直线,这也是数学的抽象概念.从直观的观点来表示平面,有如无限的桌子表面或者理想的墙壁,等等.从公理学理论的观点,平面也是一个不加定义的概念,可以只列举它的某些性质来刻画.我们说,平面的主要性质在于,**在每个平面上,平面几何学的所有结论都成立**.

然而,为了顺利地学习立体几何,我们还需要空间本身的性质.

现在我们简述三维空间的两个基本性质.

第一基本性质

对于空间中不在一条直线上的任意三个点,存在唯一的包含它们的平面.

第二基本性质

任何平面分空间为两个部分 —— 两个半空间.

犹如在平面的情况,我们引入的空间的基本性质本身不代表完整的公理系统.例如,在现代的公理理论中遵循着需要,存在不在一个平面上的四个点.然而这个命题的成立竟是如此显然,所以我们只局限于最必要的公理(基本性质),选择它,使得它对我们直观地表示进一步的工作已经足够了.

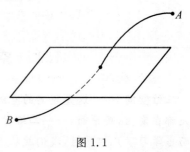

图 1.1

现我们来说明第二个性质.这里不难看到完全类似于直线在平面上的相应的性质.任何平面分不在平面自身的空间的所有点为两部分,两个**半空间**.此时如果点 A 在空间的一个部分,而点 B 在另一部分,那么联结点 A 和 B 的任意线段必定与这个平面相交(图 1.1).如果两个点同位于一个半空间,那么联结这两点的线段不与平面相交.

由引进的性质可以做出某些重要的结论.

1. 如果两个点属于某一个平面,那么通过这两个点引的整个直线也属于这个平面.

2. 任何直线和在直线外的一点确定唯一的平面.(存在唯一的平面,包含所指出的直线和点.这个平面被已知点和在直线上的任意两点所确定.)

3. 存在唯一的平面,包含空间中的两条已知的相交直线.(例如,用两条直线的交点和在每条直线上再取的一个点就确定了这个平面.)

作为已知,在三维空间中的两个平面相交于一条直线.由简述的空间性质出发,这个论断可以被证明.现在我们以定理的形式来简述这个重要的事实.

定理 1.1(关于两个平面相交)

如果三维空间中两个不同的平面具有公共点,那么它们相交于通过这个点的直线.

证明　只需证明,如果两个不同的平面具有一个公共点,那么它们至少还有一个公共点.那时通过这两个点的整个直线应当属于这两个平面.由此将得出定理的结论.

设 A 是两个平面 α 和 β 的公共点(图 1.2).我们在平面 β 上通过点 A 引任一直线且在异于点 A 的两侧取点 K 和 M. 这两点位于由平面 α 确定的不同的半空间中.我们在平面 β 上取不在直线 KM 上的任意点 L,则点 K,M,L 中的两点在关于平面 α 的一个半空间中.设这两点是 K 和 L,则直线 ML 与平面 α 相交,交点我们用 B 来标记.点 A 和 B 属于两个平面,这意味着,正如上面标出的,平面 α 和 β 相交于一条直线,在给出的情况下知,此直线是直线 AB. ▼

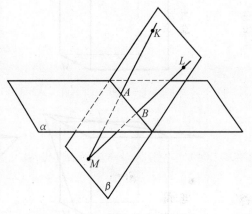

图 1.2

于是,这就证明了有名的且非常重要的事实:两个平面相交于直线.现在我们可以解决某些简单的问题,它需要用三个点确定的平面去截已知的多面体.在绘好的多面体上完成全部作图.尽管我们在形式上还没有讨论什么是多面体,但我们甚至有把握去做,是因为在生活中我们不止一次地碰到过形形色色的多面体,正如你们知道的,例如,立方体是怎样的并且如何作出它来.现在表示,立方体(或者任何你们知道的另外的多面体)用平面截口截断为两部分.这个作截面的作图问题在于,我们应当想象如何作这个截口,其中它是怎样交得的(以后我们还将在 2.1,2.2 节中再次谈到这个问题).在这里我们将利用**描绘的直的线是直线.**

现我们从下面的问题开始.

问题　利用图 1.3(a) 中指出的位于立方体棱上的点 K, L, M 的平面作该立方体的截面.

注释　我们用所有界面都是四边形的六面体代替立方体讨论同样是对的. 在讨论过程中不需要任何立方体的另外的性质.

解　我们引直线 KL 并且标注它同立方体对应的棱的延长线的交点(图 1.3(b)), 得到的两个点位于截面上且在立方体棱的延长线上.

用类似的方法在立方体另外两个界面的平面上引两条直线(图 1.3(c), 1.3(d)), 我们作得整个截面. ▼

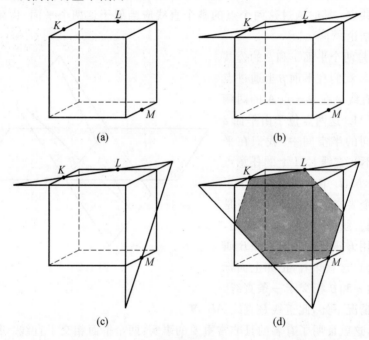

图 1.3

在这个问题中作截面所利用的方法, 有时叫作**"截痕"法**. 要知道截平面与界平面相交的直线以及它同多面体已知棱的交点, 在某种意义下就是截平面的"截痕".

▲■● 课题, 作业, 问题

1.　证明:在空间中不通过同一点的三条两两相交的直线, 位于同一个平面上.

2. 　在空间中选出四个点,能够有多少种不同的平面,包含不少于三个选出的点?（指出所有可能性）

3(B). 　设 A,B,C 和 D 是同一平面上的四个点,并且直线 AB 和 CD 不平行,M 是不属于已知平面空间的任一点.证明:平面 ABM 和平面 CDM 相交的直线通过与点 M 选取无关的固定的点.

4(T). 　在空间中引若干条直线,它们中任两条都相交,但这些直线不通过同一个点.证明:这些直线在一个平面上.

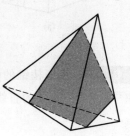

5. 　某学生画出了三棱锥和它的截面如图 1.4 所示.请问这个截面可能吗?

6(B). 　在三棱锥的棱上取三个点,如图 1.5 所示.通过标出的三个点作三棱锥的截面.

图 1.4

注释　在本题和其他类似的问题中,在所画的多

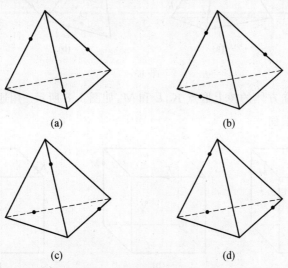

(a)　　　　　　　　(b)

(c)　　　　　　　　(d)

图 1.5

面体(本题给出的情况是棱锥)的平面图形画面上完成整个作图,此时开始在练习本上画课本给出的图形(在练习本上下功夫绘画要足够的大,为的是作图方便).

7. 　在三棱锥的表面上取三个点,如图 1.6 所示.用通过这三个点的平面作棱锥的截面.

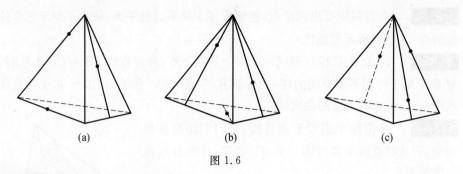

图 1.6

8. 在三棱锥的棱上取点 K, L, M, P, Q, R,如图 1.7 所示. 作平面 KLM 和平面 PQR 相交的直线(参见问题 6 的注释).

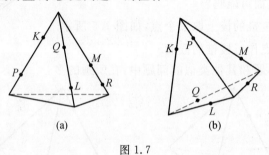

图 1.7

9(B). 在立方体的棱上取点 K, L 和 M,如图 1.8 所示. 用通过这些点的平面作立方体的截面.

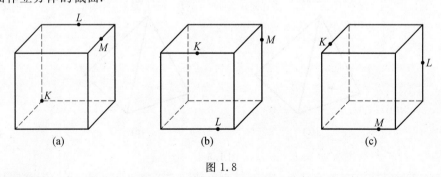

图 1.8

10(T). 在棱锥 $ABCD$ 的棱 AD 和 BC 上标出点 K 和 M(图 1.9). 作直线 KM 同通过点 A, B 和 DC 中点的平面的交点.

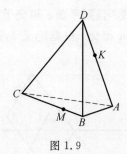

图 1.9

1.2　空间的直线与平面的平行性

在平面几何的学习中你们已熟知"平行性"的概念. 在那里涉及的只是直线的关系. 在空间出现后,平面"地位"的变化迫使我们不但更明确了某些概念的定义,而且扩大了它应用的领域.

定义 1

空间的两个平面叫作平行的,如果它们没有公共点.

定义 2

空间的直线和平面叫作平行的,如果它们没有公共点.

定义 3

空间的两条直线叫作平行的,如果它们在一个平面内且没有公共点.

正如所见,前两个定义扩展了"平行性"概念的作用范围,而第三个为更准确的旧的定义. 要知道在空间中两条直线可以不属于一个平面.

定义 4

不属于一个平面的两条直线,叫作异面直线.

图 1.10 中所示的是三棱锥 $ABCD$. 直线 AB 和 DC,AC 和 BD,AD 和 BC 是异面的,因为点 A,B,C 和 D 不在一个平面上. 这样一来,三棱锥的对棱两两是异面的(即它们是异面直线).

现我们来简述和证明空间平行性的性质与判定的某些定理.

定理 1.2(关于平行于平面的直线)

如果直线 l 平行于平面 α,那么通过 l 且和平面 α 相交的任何平面同 α 的交线与 l 平行.

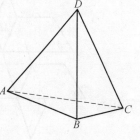

图 1.10

证明   设平面 β 通过直线 l 且同平面 α 相交于直线 m(图 1.11).因为直线 l 平行于平面 α,它不能同直线 m 相交.根据定义 3,这意味着,这两条直线平行. ▼

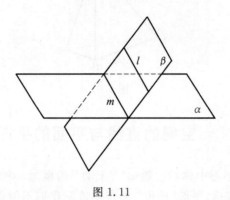

图 1.11

定理 1.3(关于两个平行的平面)

如果两个平面平行,那么任何与它们中一个相交的平面,也同第二个相交,并且得到的两条交线平行.

证明   我们考察两个平行的平面 α 和 β.设 M 是平面 β 上的某个点(图 1.12(a)).我们考察通过点 M 的平面 λ.设这个平面与两个已知的平面相交.平面 λ 交 α 和 β 的直线,不能相交,因此是平行的.

剩下证明平面 λ,如果它不与平面 β 重合,则它必定同平面 α 相交.我们假设,不是这样(图 1.12(b)).我们在平面 α 上取任意点 K 并且过点 M 和 K 作某个平面 φ,使得它不包含平面 β 和 λ 相交的直线,这总是能做到的.平面 φ 交全部三个平面 α,β 和 λ.只同我们的证明相对应,在平面 φ 中通过点 M 引两条直线平行于同一条直线(平面 φ 同平面 β 和 λ 相交的两条直线,平行于平面 φ 和 α 相交的

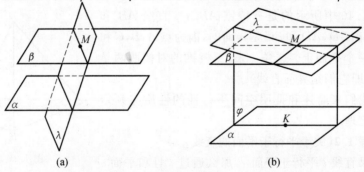

(a)   (b)

图 1.12

直线),与我们已知的平面的性质矛盾(8 年级课本 5.1 节性质 4).这意味着,平面 λ 与平面 α 相交. ▼

在定理 1.3 中包含由它单独分出来的结论.

通过空间不在已知平面上的任一点,可作不多于一个平面平行于已知平面. 这个结论类似于在平面上的平行直线的性质.

定理 1.4(直线与平面平行的判定)

不在平面上的直线,平行于这个平面的某条直线,那么它平行于这个平面.

证明　设直线 k 不在平面 α 上,且平行于这个平面的直线 m(图 1.13). 根据定义两条直线 k 和 m 在一个平面上(标记这个平面为 β)且不相交. 这意味着,直线 k 不能同平面 α 相交,因为如果它们相交,那么它们的交点应当属于平面 β. 由此得出,直线 k 和 m 相交,与定理的条件矛盾. ▼

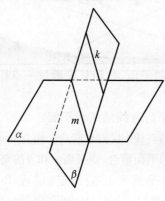

图 1.13

定理 1.5(两个平面平行的判定)

如果一个平面的两条相交直线分别平行于另一个平面的两条直线,那么这两个平面平行.

证明　设平面 α 的相交直线 k 和 m 分别平行于平面 β 的直线 k' 和 m'(图 1.14).我们假设,这两个平面相交. 我们通过 n 标记它们相交的直线. 这条直线

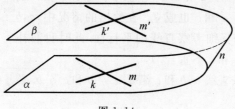

图 1.14

至少同平面 α 的一条已知直线相交. 设直线 n 同直线 k 相交. 但直线 k 平行于平面 β(参见定理 1.4)且不能与这个平面的任何直线相交,得到的矛盾使定理得证. ▼

现在我们可以使定理 1.3 的证明结论更加的精确.

通过空间不属于已知平面的任一点,通过唯一的平行于它的平面.

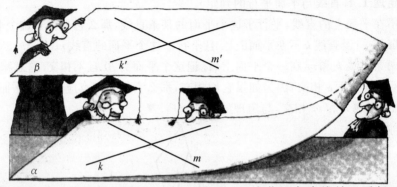

事实上,为了作平行的平面,我们只需通过一点作两条直线并且平行于已知平面上的两条直线就够了.

定理 1.6(关于通过平行直线的两个平面)

设 a 和 b 是两条平行的直线. 我们考察两个相交的平面 α 和 β,分别通过直线 a 和 b 且不与包含这两条直线的平面重合,则平面 α 和 β 的交线平行于直线 a 和 b.

证明 根据直线与平面平行的判定(定理 1.4),直线 a 平行于平面 β $(a /\!/ \beta)$,而直线 b 平行于平面 $\alpha(b /\!/ \alpha)$. 现在根据定理 1.2,平面 α 和 β 的交线既平行于 a,也平行于 b. ▼

定理 1.7(关于直线平行概念的传递性)

如果两条不同直线的每一条平行于第三条直线,那么这两条直线本身也平行.

("传递性"概念在数学中意味着转移某个性质:如果仔细观察性质对于对子 a 和 b 成立且对于对子 b 和 c 成立,那么它对于对子 a 和 c 也成立. 在给出的情况中,a,b 和 c 是直线,所以需仔细考察直线的平行性. 此时我们补充的要求,为的是 a 和 c 不重合.)

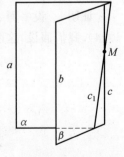

图 1.15

证明 设三条直线 a,b 和 c 满足 $a /\!/ b$ 和 $c /\!/ b$. 必须证明 $a /\!/ c$.

我们在直线 c 上任取一点 M(图 1.15). 我们考察平

面 α 和 β，平面 α 通过直线 a 和点 M，平面 β 通过直线 b 和 c．我们通过 c_1 标记 α 和 β 的交线．根据定理1.6，有 $c_1 \parallel a$ 和 $c_1 \parallel b$．但是因为在平面 β 上通过点 M 引唯一的直线平行于 b，所以直线 c_1 与直线 c 重合．定理得证．▼

▲■●　课题，作业，问题

1（B）.　设 A,B,C 和 D 是不在一个平面上的四个点（在本章中为了简洁有时利用表述：“$ABCD$ 是三棱锥”．这里重要的只是点 A,B,C 和 D 不在同一个平面上）．证明：直线 AB 平行于过 AD,BD 和 CD 中点的平面．

2（B）.　设 A,B,C 和 D 是不在同一个平面上的四个点．证明：通过 AD,BD 和 CD 中点的平面平行于平面 ABC．

3.　在空间引两条平行的直线且这两条直线与两个平行的平面相交．证明：两直线与两平面相交的四个点是平行四边形的顶点．

4（B）.　设 A,B,C 和 D 是空间的四个点．证明：线段 AB,BC,CD 和 DA 的中点是平行四边形的顶点．

5.　设 A 是空间不在平面 α 上的某个点，M 为平面 α 上的任一点．求线段 AM 中点的轨迹．

6.　求端点在两个平行的平面上的所有可能的线段的中点的轨迹．

7（B）.　设 A,B,C 和 D 是不在一条直线上的空间中的四个点．证明：联结 AB 和 CD 中点的线段，同联结 AD 和 BC 中点的线段相交．此时这些线段的每一条都被交点所平分．

8（T）.　在空间引四条直线，它们不在一张平面上，但此时它们中任两条不是异面的．证明：所有这些直线通过一个点或者平行．

9（B）.　证明：通过两条异面直线的任一条可以作平行于另一条直线的平面．

10（П）.　我们考察两条异面直线 a 和 b．通过 a 作平面平行于 b，又通过 b 作平面平行于 a．取点 M 不在所作的平面上．证明：通过直线 a 和点 M，同样也通过直线 b 和点 M 作的两个平面相交的直线，截 a 和 b（这个事实，给出了通过空间已知点作直线与两条已知的异面直线相交的作图法）．

11.　我们考察长方形 $ABCD$ 和不在它的平面上的点 E．设平面 ABE 和 CDE 相交于直线 l，又平面 BCE 和平面 ADE 相交于直线 p．求直线 l 和 p 之间的角．

12(Ⅱ). 设 A,B,C 和 D 是不在同一个平面上的四个点. 通过 △ABC 中线的交点作平行于直线 AB 和 CD 的平面. 这个平面分 △ACD 的边 CD 上的中线为怎样的比?

13. 通过 △ABC,△ABD 和 △BCD 中线的交点所作的平面分线段 BD 为怎样的比($ABCD$ 是棱锥)?

14(TB). 在 △ACD 和 △ADB 中分别引中线 AM 和 DN. 在这两条中线上取点 E 和 F,使得直线 EF 平行于 BC. 求 $EF:BC$($ABCD$ 是棱锥).

15(T). 在棱锥 $ABCD$ 中,点 M,F 和 K 分别是 BC,AD 和 CD 的中点. 在直线 AM 和 CF 上取点 P 和 Q,使得 PQ 平行于 BK. 求 $PQ:BK$.

16(T). 已知平行六面体,它的六个界面被三对平行平面所限定. 证明:如果用平面截平行六面体的截口是边数大于 3 的多边形,那么这个多边形有平行的边.

17. 平行六面体的截面能是正五边形吗?

18. 通过三棱锥 $ABCD$ 的棱 AB 和 AC 的中点作平面分棱 BD 为比 $1:3$. 则这个平面分棱 CD 为怎样的比?

19(ПТ). 证明:如果两个相交的平面都与某条直线平行,那么它们的交线也与这条直线平行.

20(T). 已知平行六面体 $ABCDA_1B_1C_1D_1$(图 1.16). 在棱 AD,A_1D_1 和 B_1C_1 上分别取点 M,L 和 K,使得 $B_1K=\frac{1}{3}A_1L,AM=\frac{1}{2}A_1L$. 已知 $KL=2$. 求平面 KLM 交平行四边形 $ABCD$ 的线段的长.

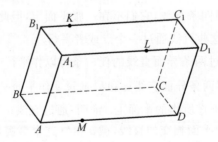

图 1.16

1.3　异面直线之间的角

定义 5

两条异面直线之间的角被认为是等于平行于这两条直线的任何两条相交直线之间的角.

对此为了成立利用这个定义的规则,应当证明,角的量与引的平行直线无关.正如数学家说的,应当证明这个定义的准确性.

定理 1.8(关于两个平行四边形)

设 AA_1B_1B 和 AA_1C_1C 是两个平行四边形,则 $\angle BAC$ 和 $\angle B_1A_1C_1$ 相等.

证明　由 AA_1B_1B 和 AA_1C_1C 是平行四边形得出(图 1.17),$AB=A_1B_1$,$AC=A_1C_1$,$BB_1=AA_1=CC_1$.此外,根据定理 1.7,我们得出 $BB_1 /\!/ CC_1$(它们平行于 AA_1).这意味着,BB_1C_1C 也是平行四边形.这样一来,根据三边相等,所以 $\triangle ABC$ 和 $\triangle A_1B_1C_1$ 全等,故 $\angle BAC = \angle B_1A_1C_1$. ▼

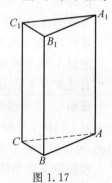

图 1.17

由定理 1.8 得出,如果通过空间两个不同的点引两对对应平行的直线,那么,这两对直线间的角相等.

注意,两条相交直线之间的角的量值我们取它们相交形成的最小角的量值.

▲■●　课题,作业,问题

1.　在棱锥 $ABCD$ 中,$\angle ABC = \alpha$. 一条通过 AC 和 BC 中点的直线,与另一条通过 BD 和 CD 中点的直线之间的角等于多少?

2.　证明:空间中的两个角,它们的边是对应平行的射线,要么相等,要么其和为 $180°$.

3.　设 ABC 是正三角形,而 $BCKM$ 是平行四边形. 直线 AB 和 KM 之间的角等于多少?

4.　在长方形 $ABCD$ 中,已知:边 $AB=3$,$BC=4$. 点 K 与点 A,B 和 C 的距离分别为 $\sqrt{10}$,2 和 3. 求直线 CK 和 BD 之间的角的大小.

5(T).　求直线 AC 和 BD 之间的角的大小,如果线段 AD 和 BC 中点间的距

离等于线段 AB 和 CD 中点间的距离.

6(T). 求直线 AC 和 BD 之间的角的大小,如果已知 $AC=6$,$BD=10$,而 AD 和 BC 中点之间的距离等于 7.

7. 求立方体相邻界面的异面对角线之间的角的大小.

1.4 直线和平面的垂直

由异面直线之间的角的定义出发(定义 5),可以给出两条任意直线垂直的定义:两条直线叫作垂直的,如果某两条平行于它们的相交直线是垂直的.

定义 6

直线叫作垂直于平面,如果它垂直于这张平面上的每条直线.

显然,可以只考察平面上这样的直线,它们通过直线和平面的交点.

定理 1.9(直线和平面垂直的判定)

直线垂直于平面,如果它垂直于这张平面上的不平行的两条直线.

证明 由定理的条件得出被考察的直线不与平面平行. 按另一个方式,我们在平面上找到了平行于它的直线,它不能垂直于平面上两条相交的直线. 正如所指出的,可以只考察平面上这样的直线,它通过已知直线同平面的交点.

根据定义应当证明,如果直线满足定理 1.9 的条件,那么它垂直于通过它与平面交点的任何直线. 我们通过 A 标记直线与平面 α 的交点(图 1.18),M 是这条直线上的某个点,AK 和 AL 是平面 α 上垂直于 MA 的两条直线. 通过点 A 我们引任一直线且通过 P 标记它同直线 KL 的交点(可以选取点 K 和 L,使得 KL 与通过 A 的第三条直线相交). 我们证明,$\angle MAP = 90°$.

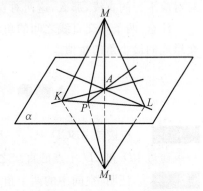

图 1.18

我们在直线 MA 上取点 M_1,使得 $AM_1 = MA$(A 是 MM_1 的中点). 我们有 $KM=KM_1$(在 $\triangle MKM_1$ 中,线段 KA 是中线和高线),类似地,$LM=LM_1$.

根据三边相等,则 $\triangle KLM$ 和 $\triangle KLM_1$ 全等. 由此作为在全等三角形中的对应线段我们有 $PM=PM_1$. 这意味着,$PA \perp MM_1$,这正是需要证明的. ▼

定理 1.10(对平面垂线的唯一性)

通过空间任一点引已知平面的垂线是唯一的.

证明　我们假设通过某个点 M 引两条直线 m_1 和 m_2，垂直于平面 α（图 1.19）.

通过直线 m_1 和 m_2 作平面 β，交平面 α 于直线 p. 我们得到，在平面 β 上通过点 M 引的两条直线 m_1 和 m_2 都垂直于直线 p. 这个矛盾使定理得证. ▼

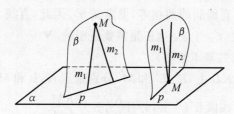

图 1.19

注释　在定理的证明中我们认为通过空间已知点可以引已知平面的至少一条垂线是显然的. 我们进行讨论证明这个事实.

我们取任一直线 l，又在它上的某个点 A，通过 l 作两张平面且由它们每一个在点 A 作 l 的垂线. 我们考察包含这些垂线的平面 α'. 我们使平面 α' 与平面 α 结合. 在此情况下，直线 l 转变为垂直于平面 α 的直线 n. 现在通过 M 引直线 m 平行于 n，则直线 m 是所求平面 α 的垂线.

定义 7

过点 M 引的垂直于平面 α 的直线与平面 α 的交点，叫作点 M 在平面 α 上的射影（投影）.

定义 8

图形 Φ 的所有点在平面 α 上的射影形成的这个平面上的图形 Φ'，叫作图形 Φ 在平面 α 上的射影.

定理 1.11（垂线的最小性）

由点到平面的距离等于这个点和它在平面上的射影之间的线段的长.

换个说法，由点到平面的最短路径是沿着对这个平面的垂线的路径.

证明　设 M 是空间的某个点，M_1 是它在某个平面 α 上的射影，K 是平面 α 上的不同于 M_1 的任一点（图 1.20）. 由定义 6 和 7 得出，$\triangle MM_1K$ 是直角顶点为 M_1 的直角三角形. 因此，$MM_1 < MK$. 所得到的不等式使定理得证. ▼

定理 1.12（关于平面的两条垂线）

垂直于一个平面的两条不同的直线平行.

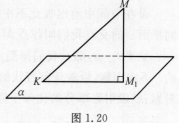

图 1.20

证明　我们考察垂直于平面 α 的两条直线 l_1 和 l_2(图 1.21). 设 M 是直线 l_2 上的某个点. 通过 M 引直线 l'_2 平行于 l_1. 我们证明,直线 l'_2 垂直于平面 α. 则根据定理 1.10,这条直线同 l_2 重合.

设 m 是平面 α 上的任一直线. 我们有 $m \perp l_1$. 又因为 $l'_2 /\!/ l_1$,那么 $m \perp l'_2$(一对对应平行的直线间的角相等,见定义5). 因此,直线 l'_2 垂直于平面 α 的任何直线. 这意味着,$l'_2 \perp \alpha$,这正是需要证明的. ▼

定理 1.13(射影的基本性质)

设点 M 在线段 KL 上,K', L' 和 M' 分别是点 K, L 和 M 在某个平面 α 上的射影. 则点 M' 位于线段 $K'L'$ 上,并且 $\dfrac{K'M'}{L'M'} = \dfrac{KM}{LM}$.

证明　根据定理 1.12,我们断定,$KK' /\!/ MM' /\!/ LL'$(图 1.22). 点 K, L, M, K', L', M' 在一个平面上,这意味着定理 1.13 的两个论断可由平面几何有名的关于比例线段的定理得出.

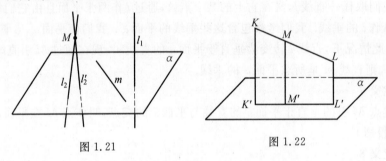

图 1.21　　　　　　　图 1.22

特别地,由定理 1.13 得出,不垂直于平面的直线的射影是直线,而线段的射影是线段.

注释　定义 7 和 8 说到的射影,也叫作正交(或者直角)射影. 正交射影是平行射影的特殊情况.

定义 7′

设在空间中给出彼此不平行的直线 l 和平面 α. 通过点 M 的方向为 l 的直线同平面 α 的交点我们叫作点 M 沿方向 l 在平面 α 上的射影.

如果 $l \perp \alpha$,那么我们得到点 M 在平面 α 上的正交射影,它正是在定义 7 说到的. 不难理解,沿着任何直线的平行射影具有同样的基本性质(定理 1.13),正交射影:线段射影部分的比等于原线段本身部分的比(如果线段的射影不是点). 甚至不仅如此,可以证明,如果 $KL /\!/ MN$,那么 $\dfrac{KL}{MN} = \dfrac{K'L'}{M'N'}$(撇号,正如在前面标记的射影).

除了沿着直线在平面上的平行射影,有时考察沿着平面在直线上的平行射影是有益的.

定义 7*

通过任意点 A 作平面 α' 平行于给定的平面 α,则 A 沿平面 α 在直线 l 上的射影是点 A',它是 l 与平面 α' 的交点.

这样形式的射影也具有基本性质:如果 M 在线段 KL 上,或如果 $KL \parallel MN$,那么 $\dfrac{KL}{MN} = \dfrac{K'L'}{M'N'}$. 为了证明只需发现,在直线上的射影可以表示为在包含这条直线的平面上的射影,与已经在这个平面的在直线上的射影的合成就足够了.

在今后,说到平行射影,我们将指直线 l 在给出方向的射影. 如果这条直线没有给出,那么就认为是正交射影的形式. 换句话说,表述"点 M(图形 Φ)在平面 α 上的射影"(没有指出直线 l)意味着,这里说的是定义 7 和 8 中的射影.

▲■●　课题,作业,问题

1. 垂直于同一条直线的两条直线平行,这个命题对吗?

2(B). 证明:垂直于同一条直线的两个平面平行.

3(B). 能在空间放置 4 条两两垂直的直线吗?

4. 点 A 属于平面 α,线段 AB 在平面 α 上的射影等于 1,AB 的长等于 2. 求由点 B 到平面 α 的距离.

5. 点 A 和 B 属于平面 α,M 是在空间这样的点,使得 $AM = 2$,$BM = 5$,且线段 BM 在平面 α 上的射影是线段 AM 在这平面上射影的 3 倍. 求由点 M 到平面 α 的距离.

6. 在棱锥 $ABCD$ 中成立等式 $AB = 2$,$BC = 3$,$BD = 4$,$AD = 2\sqrt{5}$,$CD = 5$. 证明:BD 垂直于平面 ABC.

7(Π). 证明:$\triangle ABC$ 中线的交点在某个平面上的射影与 $\triangle ABC$ 在同一个平面上的射影图形中线的交点重合.(假设射影不在一条直线上.)

8(B). 一条线段的端点到平面的距离等于 1 和 3. 那么这条线段的中点到这个平面的距离等于多少?

9(T). 由一个三角形的顶点到某个平面的距离等于 5,6 和 7. 求由这个三角形中线的交点到这平面的距离. 考察所有可能的情况.

10. 能够这样给出垂直于平面的直线的定义:"直线叫作垂直于平面,如果它在这张平面上的射影是个点"吗?

11(T). 由平行四边形三个依次相邻的顶点到某个平面的距离等于 1,3 和 5. 求由第四个顶点到这平面的距离. 考察所有可能的情况.

12. 设 A,B,C 和 D 是空间四个点. 证明:如果 $AB=BC,CD=DA$,那么直线 AC 和 BD 垂直.

13. 在棱锥 $ABCD$ 中,$\triangle ABD$ 的边 AD 的中线长等于 AD 长的一半,而在 $\triangle BCD$ 中边 CD 的中线长等于 CD 长的一半. 证明:BD 垂直于平面 ABC.

14(T). 在棱锥 $ABCD$ 中,已知棱 $AB=7,BC=8,CD=4$. 如果已知直线 AC 和 BD 垂直,求棱 DA.

15(T). 设 A,B,C 和 D 是空间四个点. 证明:如果 $AB^2+CD^2=BC^2+DA^2$,那么直线 AC 和 BD 垂直.

1.5　三垂线定理

平面几何中一个有名的定理,可以简述为:相等的斜线具有相等的射影,在空间中也是对的.

定理 1.14(斜线和它们的射影)

如果 $AM=AK$,那么 AM 和 AK 在包含 M 和 K 的任意平面上的射影相等.

逆命题

如果线段 AM 和 AK 在包含 M 和 K 的某个平面上的射影相等,那么 $AM=AK$.

证明 设 A' 是 A 在某个平面 α 上的射影(图 1.23). $\triangle AA'K$ 和 $\triangle AA'M$ 是全等的直角三角形($\angle AA'K=\angle AA'M=90°$). 这两个三角形全等对于定理的第一个命题由等式 $AK=AM$ 得出(AA' 是公共边),而对于第二个,与第一个相反,由等式 $A'K=A'M$ 推得. ▼

下面来看一个关于空间中垂线性质的重要定理.

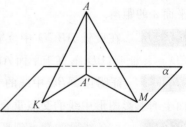

图 1.23

定理 1.15（三垂线定理）

如果直线 l 不垂直于平面 α 但垂直于这个平面上的直线 m，那么 l 在平面 α 上的射影（直线 l'）也垂直于 m．

证明 通过 B 标记 l 同平面 α 的交点，A 是 l 上不同于 B 的某个点，A' 是 A 在 α 上的射影．可以认为，直线 m 通过点 B（图 1.24）．我们在直线 m 上取点 K 和 L，使得 B 是 KL 的中点．

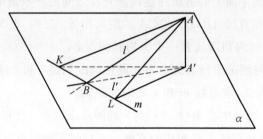

图 1.24

1. 如果 $AB \perp KL$（$l \perp m$），那么 $AK = AL$．根据定理 1.14，我们得到 $A'K = A'L$．就是说，$A'B \perp KL$（$l' \perp m$）．

2. 反过来，如果 $A'B \perp KL$（$l' \perp m$），那么 $A'K = A'L$．由此成立 $AK = AL$，这意味着，$AB \perp KL$（$l \perp m$）．▼

这不是证明三垂线定理的唯一方法．我们介绍使读者感兴趣的，是需要直接根据直线和平面垂直的定义和判定进行的证明，除了要观察平面 $AA'B$，再没有什么附加的作图．

▲■● **课题，作业，问题**

1（B）． 点 M 与 $\triangle ABC$ 各顶点等远．证明：点 M 在平面 ABC 上的射影是 $\triangle ABC$ 外接圆的圆心．

2． 设 A 是空间中的某个点，B 是点 A 在平面 α 上的射影，l 是这个平面上的一条直线．证明：A 和 B 在直线 l 上的射影重合．

3（B）． 点 M 处在与平面 α 距离 a 且与这个平面上的直线 m 距离 b 的位置，M' 是 M 在平面 α 上的射影．求由点 M' 到直线 m 的距离．

4（B）． 已知：空间中的某个点 M 与平面多边形各顶点等远．证明：这个多边形内接于圆，并且它的外接圆的圆心是 M 在多边形平面上的射影．

5（B）． 证明：与空间中两个已知点距离相等的点的轨迹，是垂直于这两个已知点联结的线段且通过这条线段中点的平面(这个平面本身是平面上线段中垂线的概念在空间的模拟).

6. 在棱锥 $ABCD$ 中,棱 AD, BD 和 CD 都等于 5,由点 D 到平面 ABC 的距离等于 4. 求 $\triangle ABC$ 外接圆的半径.

7(B). 已知:某个点 M 与两条相交的直线 m 和 n 的距离相等. 证明:点 M 在直线 m 和 n 确定的平面上的射影在这两条直线之间的一条角平分线上.

8(Π). 点 M 与直线 AB, BC 和 CA 的距离相等. 证明:点 M 在平面 ABC 上的射影是 $\triangle ABC$ 的内切圆或者一个旁切圆的圆心.

9. 点 M 与两条平行直线 m 和 n 的距离分别是 5 和 4 且与通过这两条直线的平面的距离为 3. 求直线 m 和 n 之间的距离.

10. 直线 l 通过中心为 O、半径为 r 的圆 ω 上的点. 已知:直线 l 在包含圆 ω 的平面上的射影是与这个圆相切的直线. 求 O 到 l 的距离.

11(B). 证明:在立方体 $ABCDA_1B_1C_1D_1$ 中直线 AC_1 与 BD 垂直.

12. 空间中的四个点两两之间的距离都等于 1. 求这些点中的一个点到另外三个点确定的平面的距离.

13(T). 证明:如果三棱锥的一个顶点在相对的界面上的射影同这个界面高线的交点重合,那么这对于这个棱锥的另外的顶点也成立.

14(T). 证明:如果直线 p 同平面的三条两两相交的直线形成相等的角,那么它垂直于这个平面.

15. 三棱锥的所有棱彼此相等. 求它的一个界面的中线和棱锥中与这条中线异面的棱之间的角.

16(T). 三棱锥的所有棱彼此相等. 求这个棱锥的两个界面的异面的中线之间的角. 问有多少个解?

1.6 直线和平面之间的角

定义 9

如果直线与平面相交且不垂直于它,那么可将直线和它在平面的射影之间的角当作直线和平面之间的角.

我们注意,两条相交直线之间的角等于它们相交形成的最小的角.

很清楚,如果直线垂直于平面,那么它同平面之间的角等于90°.

直线和平面之间的角直观地借助于下面的定理来刻画.

定理 1.16（直线同平面之间的最小角）

直线和平面之间的角等于考察的直线同位于平面上的不同的直线所形成的角中的最小者.

证明　设直线 l 交平面 Π 于点 B 且不与它垂直. 我们在 l 上取某个点 A 且通过 A' 标记 A 在 Π 上的射影（图 1.25）. 通过点 B 在平面 Π 上引不同于 BA' 的任意直线, 我们通过 A'' 标记 A 在这条直线上的射影.

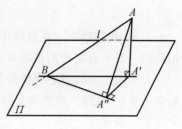

图 1.25

应当证明, $\angle ABA' < \angle ABA''$. 直线 $A''A'$ 是 $A''A$ 在平面 Π 上的射影且根据三垂线定理（定理 1.15）有 $A''A' \perp BA''$, 这意味着 $BA'' < BA'$. $Rt\triangle BAA'$ 和 $Rt\triangle BAA''$ 有公共的斜边 BA, 又因为 $BA'' < BA'$, 所以 $\angle ABA'' > \angle ABA'$. 定理得证. ▼

▲■●　课题, 作业, 问题

1（B）.　立方体的对角线同它的界面形成怎样的角?

2.　直线 l 同平面 p 形成角 α. 求在直线 l 上长为 d 的线段在平面 p 上射影的长.

3（B）.　在棱锥 $ABCD$ 中, $\triangle ABC$ 是边长为 a 的正三角形, $AD = BD = CD = b$. 求直线 AD, BD 和 CD 同平面 ABC 所形成的角的余弦.

4（B）.　设直线 l 不与平面 α 垂直且同在这平面上的相交直线 m 和 n 形成相等的角. 证明: l 在平面 α 的射影平行于直线 m 和 n 之间的一个角的平分线.

5.　我们考察通过不属于平面 Π 的点 A 且和这个平面形成相等的角（不是零度）的所有直线. 求这些直线同平面 Π 的交点的轨迹.

6.　在平面 Π 上给出三个不在一条直线上的点 A, B 和 C. 设 M 为空间中这样的点, 使直线 MA, MB 和 MC 同 Π 形成相等的角. 求点 M 的轨迹.

7（T）.　设 $\triangle ABC$ 是斜边为 $AB = a$ 的直角三角形. 如果直线 MA, MB 和 MC 同平面 ABC 所形成的角等于 α, 求点 M 同平面 ABC 的距离.

8（T）.　在平面 Π 上引两条垂直的直线. 直线 l 同这两条直线形成 $45°$ 和 $60°$ 的角. 求 l 同平面 Π 所形成的角.

9(T). 　　等腰直角三角形在平面 $\mathit{\Pi}$ 上的射影是正三角形. 求已知三角形的斜边同平面 $\mathit{\Pi}$ 所形成的角.

1.7　平面之间的二面角

于是,我们建立了在空间中直线之间的角,直线和平面之间的角. 现在我们拓广到一对平面之间的角的概念.

与平面上角的概念类似的是在空间中二面角的概念. 我们考察空间的两个相交的平面,它们(与平面上两条相交的直线类似)分空间为四个部分,每一部分都是二面角.

定义 10

二面角 —— 具有共同边界的两个半平面所夹的空间的部分.

界限二面角的半平面,叫作二面角的界面.

对于边界的公共直线(半平面的边界)叫作二面角的棱(图 1.26).

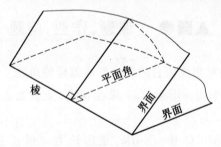

图 1.26

当既不包含二面角的棱,也不与棱平行的平面与二面角相交时,在截平面上形成普通的(平面的)角,在这样的角中我们分出二面角的平面角.

定义 11

当用垂直于二面角的棱的平面同二面角相交时产生的角,叫作二面角的平面角(参见图 1.26).

换句话说,二面角的平面角是位于这个二面角的两个界面上且垂直于它的棱的两条射线所形成的平面的角.

由定理 1.8(关于两个平行四边形的定理)得出,二面角的平面角的量值与顶点的位置无关,所以二面角的平面角的量值能够利用作为二面角本身的量的特征.

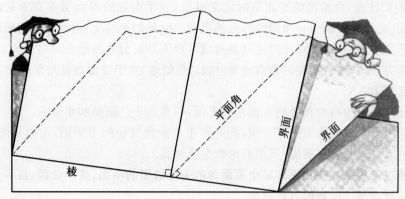

定义 12

二面角的量采用它的平面角的量来度量.

表述"二面角等于 α"意味着,对应的平面角的量值等于 α. 二面角的量,通常不超过 $180°$. 所有例外将专门讨论.

定理 1.17（二面角相等的判定）

如果二面角的平面角相等,那么二面角相等.

证明　应当证明,如果两个二面角有相等的平面角,那么它们能够重合. 我们考察两个二面角. 它们中第一个的棱是直线 l,第二个的棱是直线 l'; $\angle BAC$ 是第一个的平面角,$\angle B'A'C'$ 是第二个的平面角（图 1.27）. 根据条件 $\angle B'A'C' = \angle BAC$,这意味着这两个平面角能够重合. 但是直线 l 垂直于平面 BAC,而直线 l' 垂直于平面 $B'A'C'$. 因为存在唯一的直线垂直于已知平面且通过已知点（定理 1.10）,那么 $\angle BAC$ 和 $\angle B'A'C'$ 重合以后直线 l 和 l' 重合. 这意味着,两个二面角本身重合. ▼

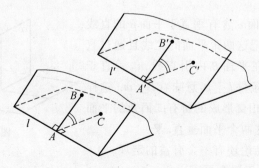

图 1.27

我们注意,由给出的平面角的定义得出,如果在它的界面引垂直于它的棱的直线(在每个界面引一条射线),能够得到二面角的平面角.射线之间的角确切地等于二面角的平面角(此时这两条射线可以不具有公共的始点).

作为已知,任何平面的角有角平分线.类似地,对于二面角是角平分面.

定义 13

分二面角为两个相等的二面角的平面,叫作这个二面角的平分面.

通过二面角的棱引的平分面,此时位于二面角外面的半平面,可以不考察.因而可以说是平分半平面.下面的论断完全显然.

通过二面角的棱和它的某个平面角的平分线引的平面,是平分面,且平分面上的所有点与二面角的界面等远.

定义 14

两个平面之间的角被认为是,等于当它们相交时形成的四个二面角中最小的二面角.

有时利用表述"一个平面对另一个平面的倾角"作为"平面之间的角"的同义词组.

我们做两个重要的,但完全显然的注释(它们的证明作为练习请独立完成).

(1) 当两个平面相交形成四个角时,此时形成两对相等的对顶二面角.

(2) 平面之间的角等于垂直于它们的直线之间的角,也就是,如果直线 a 垂直于平面 α,而直线 a' 垂直于平面 α',那么 a 和 a' 之间的角等于 α 和 α' 之间的角.

两个平面叫作垂直的,如果它们之间的角等于90°.下面的定理成立.

定理 1.18(两个平面垂直的判定)

如果两个平面中的一个含有垂直于另一个平面的直线,那么这两个平面垂直.

证明　设平面 α 含有垂直于平面 β 的直线 l. 我们通过 p 标记这两张平面的交线且通过直线 l 和 p 的交点在平面 β 内引直线 m,垂直于 p(图1.28).根据条件 $l \perp \beta$,意味着 $l \perp m$. 这样一来,平面 α 和 β 相交形成的所有二面角的平面角是直角.因此,这两个平面垂直.▼

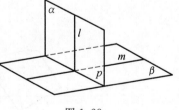

图1.28

我们引进的结论还有一个有益的定理.

定理 1.19(关于射影平面)

设在相交角为 α 的两个平面的一个上放置有面积为 S 的图形 Φ,这个图形在另一个平面的射影图形 Φ' 的面积为 S'. 则 $S' = S\cos \alpha$.

证明　我们首先对于 Φ 是三角形的情况证明定理的结论. 设 $\triangle ABC$ 的一条边(它通过 AB 来标记)在已知平面的交线上(图 1.29(a)),C' 是 C 在另一平面上的射影. 在 $\triangle ABC$ 中我们引高 CD. 根据三垂线定理,有 $C'D \perp AB$,这意味着 $\angle CDC'$ 是对应的二面角的平面角,即 $\angle CDC'=\alpha$. 这样一来,$\triangle ABC'$ 的面积等于

$$S_{\triangle ABC'}=\frac{1}{2}AB \cdot DC'=\frac{1}{2}AB \cdot DC\cos\alpha=S_{\triangle ABC}\cos\alpha=S\cos\alpha$$

对这种情况定理得证.

现在我们考察,当 Φ 是任意放置的三角形的情况. 可以认为,三角形的一个顶点放置在两个平面的交线上. 设这是 $\triangle ABC$ 的顶点 A,此时,直线 BC 不平行于平面的交线. 我们通过 E 标记直线 BC 同已知平面的交线的交点. 对于 $\triangle ABE$ 和 $\triangle ACE$,定理 1.18 的公式是对的. 因此,对于 $\triangle ABC$,它是正确的(图 1.29(b)(c)).

现在不难明白这个公式对于 Φ 是任意多边形的情况是正确的. 要知道它能够分解为三角形,对于这些三角形公式已经证明. 这个公式对于任意图形的正确性需要用极限过程来证明:任意图形能用多边形随便多么精确地"逼近".

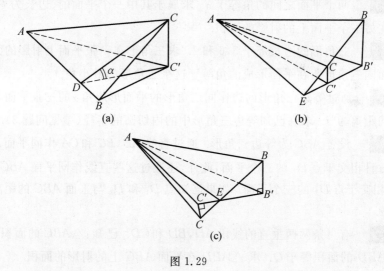

(a)

(b)

(c)

图 1.29

▲■● 课题,作业,问题

1(B). 有量数为 α 的二面角,在它的一个界面上取点 A 与棱的距离为 a. 求由点 A 到另一个界面的距离.

2. 垂直于一个平面的两个平面必定平行吗?

3(B). 设 A 是空间某个点,A' 是 A 在平面 Π 上的射影,$AA'=a$. 通过点 A 作的平面同平面 Π 形成角 α 且交平面 Π 于直线 l. 求由 A' 到直线 l 的距离.

4(B). 设 A 为空间不属于平面 Π 的某个点,我们考察通过点 A 且同这个平面形成同一个角的所有可能的平面. 证明:通过点 A 的平面与 Π 相交的直线,沿着平面与一个圆相切.

5. 求任一直线与平面和垂直于这张平面的直线所形成的角的和.

6. 在棱锥 $ABCD$ 中,$\angle ABC = \alpha$,点 D 在平面 ABC 上的射影是点 B. 求平面 ABD 和平面 CBD 之间的角的量值.

7. 两个平面之间的角等于 α. 求属于其中一个平面的、边长为 l 的正六边形在另一个平面上的射影的面积.

8. 三角形的边长等于 $5,6$ 和 7. 求三角形在一张平面上射影的面积,这张平面同三角形所在平面形成的角等于这个三角形的最小角.

9(T). 通过等边三角形的边作同三角形的平面形成角 α 的三张平面,且交点与它的距离为 d. 求在已知等边三角形中的内切圆的半径(参见问题 3).

10(T). 设 $\triangle ABC$ 为等边三角形. 通过直线 AB,BC 和 CA 作同平面 ABC 形成角 φ 且相交于点 D_1 的三个平面,此外,还通过这些直线作同平面 ABC 形成角 2φ 且相交于点 D_2 的三个平面. 如果已知点 D_1 和 D_2 与平面 ABC 的距离相等,求角 φ.

11(П). 有三条两两垂直的线段 AD,BD 和 CD. 已知:$\triangle ABC$ 的面积等于 S,而 $\triangle ABD$ 的面积等于 Q. 求 $\triangle ABD$ 在平面 ABC 上的射影的面积.

12(B). 棱锥 $ABCD$ 的所有棱长彼此都相等,求这个棱锥的二面角.

13(B). 求棱锥 $ABCD$ 的二面角,其中 $AB = BC = CA = a$,$AD = BD = CD = b$.

14(B). 在棱锥 $ABCD$ 中,棱为 AB,BC 和 CA 的二面角分别等于 $\alpha_1, \alpha_2, \alpha_3$,而

$\triangle ABD$，$\triangle BCD$ 和 $\triangle CAD$ 的面积分别等于 S_1，S_2，S_3；S 是 $\triangle ABC$ 的面积. 证明：$S = S_1 \cos \alpha_1 + S_2 \cos \alpha_2 + S_3 \cos \alpha_3$（请注意，角 α_1，α_2，α_3 中的某个可能是钝角）.

15（B）. 　由在量值为 α 的二面角内部的点 M 向它的界面引垂线（垂线是由 M 出发的两条射线）. 证明：这两条垂线之间的角等于 $180° - \alpha$.

16. 　半径为 1 的圆在平面 Π 上的射影的面积等于 1. 求这个圆在垂直于平面 Π 的直线上的射影的长.

17（T）. 　在棱锥 $ABCD$ 中，棱为 AC 的二面角是直角. $AB = BC = CD$，$BD = AC$. 求以 AD 为棱的二面角.

18. 　棱锥 $ABCD$ 中，在顶点 D 处的所有面角都是直角. $DA = 1$，$DB = DC = \sqrt{2}$. 确定这个棱锥的二面角.

19（T）. 　在二面角的一个界面所在的平面上取图形 F. 这个图形在另一个界面射影的面积等于 S，而它在二面角的平分面上射影的面积等于 Q. 求图形 F 的面积.

20（T）. 　棱锥 $ABCD$ 在顶点 D 处的面角都是直角. 通过 S_1，S_2，S_3 和 Q 标记界面 ABD，BCD，CAD 和 ABC 的面积，通过 α，β，γ 标记棱为 AB，BC 和 CA 的二面角. 则：

(1) 通过 S_1，S_2，S_3 和 Q 表示 α，β，γ.

(2) 证明：$S_1^2 + S_2^2 + S_3^2 = Q^2$.

(3) 证明：$\cos^2 \alpha + \cos^2 \beta + \cos^2 \gamma = 1$.

第2章 多 面 体

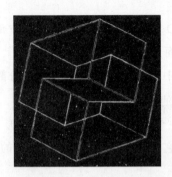

2.1 多边形和多面体的画像

在自然界遇到不同类型的固体中,它们具有自然的或者人造的起源,多面体起着重要的作用.将多面体理解为是由有限个数的平面多边形所限定的立体.这个表述不是精确的数学定义.我们简单地通过一般概念"体"来定义多面体,然而数学中给出多面体的严格定义完全不是简单的.为此我们在本书中关于这个对象的直观的描述就完全足够了,我们将凭借由日常经验得到的各种多面体.

多面体(和另外的立体)的性质我们将利用它们在平面的画像进行基本的抽象的研究.

我们已经遇到过用多面体在平面的画像来解题,它们需要在这些画像上进行这个或另外的作图.此时利用的只是平面和直线的基本性质,而这个事实,使得直的线的画像是直线.多面体画像自身是作业和问题条件的一部分,这样一来,它是不经过商讨而被得到的.

在本章中我们考察作多面体(还有另外的立体和图形)平面画像的某些基本原则.首先,我们简述主要原则:空间对象的平面画像借助于射影来得到(有时数学家利用"陈旧的"词"投影"来代替"射影"一词,为防止混淆,须知术语射影同样意味着"编制幻灯".我们也将在"得到的投影"的意义下需要它).于是,多边形在平面上的射影也是这个多边形的画像.由此得出,直线(线段)的画像是直线(线段).我们声明:直线能够投影为点并且在此情况下它的画像是点.在一般情况下,平行的直线的画像是平行直线(平行的直线可以投影为一条直线甚至是两个点).平面多边形在投影下(影像),一般说来,变作同样边数的多边形(在特殊情况,平面多边形在投影时可以变为线段 —— 退化的多边形).

由投影的已知性质得出,平行四边形的画像同样是平行四边形(可能退化成为线段).

知道"已知三角形的画像能是相似于任意三角形的三角形"是有益处的.特别地,任何三角形能够投射为正三角形,也就是正三角形能够是任意三角形的画像.我们解下面的问题.

问题*　求正三角形的边长,它是边为 $\sqrt{6},3,\sqrt{14}$ 的三角形的投影(我们再次提醒,如果投影的方向没指出,那么这意味着,此时指的就是正交投影 —— 投影向垂直于平面的方向).

解　设 $\triangle ABC$ 中,$AB=\sqrt{14}$,$BC=\sqrt{6}$,$CA=3$,向平面 Π 投影且它的射影是正三角形.我们认为,顶点 A 在这个平面上.因为 AB 是三角形的最大边,又全部边的射影相等,所以顶点 B 和 C 应当位于平面 Π 的一侧.

我们通过 B_1 和 C_1 标记它们的射影(图 2.1(a)).$\triangle AB_1C_1$ 是正三角形.我们通过 x 标记它的边长.设 $BB_1=y$,$CC_1=z$.由 $\mathrm{Rt}\triangle ABB_1$,有 $AB^2=x^2+y^2=14$.由 $\mathrm{Rt}\triangle ACC_1$,求得 $AC^2=x^2+z^2=9$.我们考察梯形 BB_1C_1C(图 2.1(b)).引 $CM \parallel B_1C_1$.$\triangle BMC$ 是直角三角形,$MC=x$,$BM=|y-z|$,$BC=\sqrt{6}$.我们有 $x^2+(y-z)^2=6$.这样一来,我们得到方程组

$$\begin{cases} x^2+y^2=14 \\ x^2+z^2=9 \\ x^2+(y-z)^2=6 \end{cases}$$

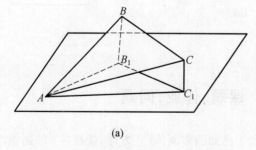

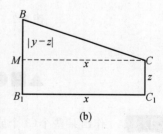

(a)　　　　　　　　　　　　　(b)

图 2.1

由第一个方程减第二个和第三个方程,得

$$y^2 - z^2 = 5, 2yz - z^2 = 8$$

由后一个方程通过 z 表示 y 且代入得到的值到前一个方程,结果得到二次方程 $3z^4 + 4z^2 - 64 = 0$. 由此得 $z^2 = 4, z = 2$. 进一步求得 $y = 3, x = \sqrt{5}$.

所以所求正三角形的边长等于 $\sqrt{5}$. ▼

我们转向考察多面体. 我们提醒,在多面体中,由有限个数的平面多边形形成的限界立体的表面,叫作多面体的界面. 界面的边界由直线段组成,是多面体的棱. 每条棱与两个界面相邻. 棱的端点是多面体的顶点.

多面体的画像由它的棱的画像组成(利用平行投影得到的). 在此情况下,所有的棱分为两类:看得到的和看不到的(我们想象,投影的方向平行于光行进的射线. 在此时多面体的表面分为两个部分:照得到的和照不到的. 看到的是照得到的部分的棱). 看得到的棱用实线段表示,而看不到的棱用虚线段表示.

于是,三棱锥的画像通常要么是凸四边形,在它里面引有两条对角线(图 2.2(a)),并且一条对角线是虚线,要么是三角形,它的顶点与棱锥内部的某个点联结(图 2.2(b)). 此时,由内部点引出的所有线段可以是虚线,也可以是实线.

根据一般原则,多面体画像的作图可以简述为一系列具体的建议,它是由某些最大数量遇到的多面体的画像做出的,例如,图 2.3 所示的就是一个典型的例子. 在这个图中 $\angle ABC = 135°, AB = 2BC$.

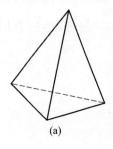

(a)　　　　(b)

图 2.2

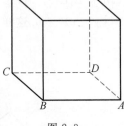

图 2.3

▲■●　　课题,作业,问题

1.　作出某些个(3 个或 4 个)已知的多面体(立方体,棱锥等)的画像.

2.　三角形能是多面体的画像(在画像中除了三角形的边没有任何的线)吗?

3. 　棱锥 $ABCD$ 的所有棱彼此相等. 画出这个棱锥作为下列投影下的画像:(1)在平面 ABC 上;(2)在垂直于 AB 的平面上;(3)在平行于 AB 和 CD 的平面上.

4. 　想出怎样的多面体,它的画像是引有两条对角线的正方形.

5(B). 　画出在下列投影下得到的立方体的画像:

(1)垂直于立方体的一条棱的平面上;

(2)垂直于一个界面的对角线的平面上;

(3)$^{(T)}$ 垂直于立方体的对角线的平面上.

6. 　图 2.4 所示的是同一个三角形的两个画像,在第一个三角形中,标示的点 M_1 与原三角形的某个点 M 相对应. 在第二个三角形中作出点 M_2 也对应着同一个点 M.

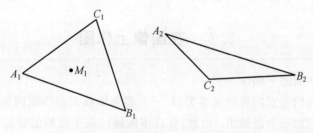

图 2.4

7(T). 　多面体能对应图 2.5 所示的画像吗?(没有看不到的棱,且有顶点 6 个,界面 5 个,棱 9 条.)

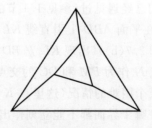

图 2.5

8(T). 　想出由线段组成的空间图形,它在两个垂直的平面上的投影直观看来正如图 2.6 所示.

9. 　在平面上标出的三个点,是正六边形三个顺次顶点的画像. 作出它其余三个顶点的画像.

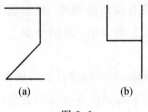

(a)   (b)

图 2.6

10(T).   我们有三角形和它的外接圆圆心的画像. 作出这个三角形高线交点的画像.

11.   在平面上画的线是圆的画像. 作出这个圆的圆心的画像.

12.   在平面上给出四边形 $ABCD$ 和不在它所在平面上的点 M 的画像. 作出平面 ABM 和平面 CDM 交线的画像.

2.2   在画像上作图

截痕法和辅助平面法.

在本节我们考察问题的基本类型 —— 多面体截面的作图问题. 正如所见, 平面用属于它的三个点给出. 由此, 在许多问题的截平面的怎样的点, 联系着问题的复杂性. 我们考察, 例如, 在三棱锥上作截面的问题.

问题 1   用通过点 K, L, M 的平面(图 2.7(a), 2.8(a), 2.9(a))作棱锥 $ABCD$ 的截面.

解   相似的问题我们已经遇见过(参见 1.1 节的问题 3 和 4). 图 2.7(a) 所示情况的解法十分简单. 在平面 ABD 上引直线 KL(截平面的"截痕"). 通过 P 标记 KL 和 BD 的交点(图 2.7(b))(出现 $KL /\!/ BD$ 的情况, 我们个别考察). 然后引直线 PM, 我们得到点 N 作为 PM 和 DC 的交点且作出截面(图 2.7(c)).

图 2.8(a) 所示的是某个困难的情况(这里点 K 和 M 在界面 ABD 和 BCD 上, 而点 L 在棱 AC 上). 在哪个界面都不能立刻作出截平面的"截痕". 我们考察辅助平面 BMK. 在这个平面上我们作直线 KM(截面的"截痕"). 通过点 P 标记直线 KM 和 EF 的交点(图 2.8(b)). 点 P 位于截平面和平面 ADC 上. 但此时点 L 也在这同一平面上. 引直线 LP 得到在平面 ADC 上截面的"截痕", 我们得到点 N(图 2.8(c)), 且作出截面.

我们考察一般的情况, 当给出截面的三个点都在截平面上, 但不在棱锥的棱上时(图 2.9). 正如在前面的情况, 我们引辅助平面 DKM, 它分别交棱 AB 和 BC

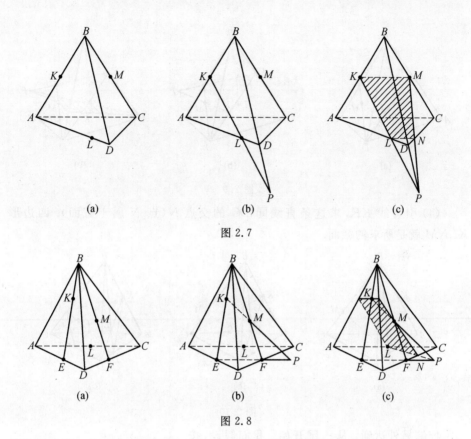

图 2.7

图 2.8

于点 E 和 F. 在这个辅助平面上作截平面的"截痕"KM,求出 KM 和 EF 的交点 P. 点 P,还有点 L 位于平面 ABC 上,并且能够引直线,它是截平面与平面 ABC 的交线(截面在平面 ABC 上的"截痕"). 现在整个的截面就容易作出了(图 2.9(b)(c)). ▼

　　* 利用辅助平面,可以作截面,"不超出"多面体的范围. 我们再次考察图 2.7(a) 的画像.

　　作图的次序性如下:

　　(1) 我们作辅助平面 BLC 和在它上面的线段 LM(这条线段属于截平面,图 2.10(a));

　　(2) 再作一个辅助平面 DCK 且作 BL 和 DK 的交点 E,这个点属于两个辅助平面(图 2.10(b));

　　(3) 求线段 LM 和 EC 的交点 F(这些线段属于平面 BLC,图 2.10(c)). 点 F 位于截平面和平面 DCK 上;

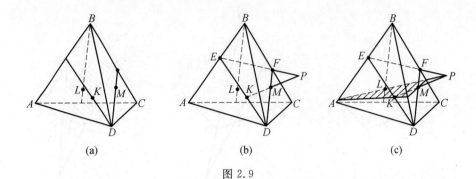

图 2.9

（4）引直线 KF，求这条直线同 DC 的交点 N（点 N 属于截面）. 四边形 $KLNM$ 就是所求的截面.

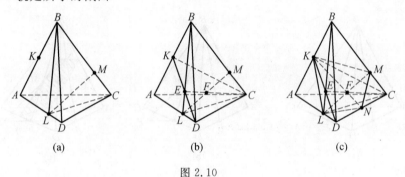

图 2.10

能够另外达到，从末尾开始. 我们假设，按照 K, L 和 M 作的截面是 $KLMN$（图 2.11），通过 F 标记四边形 $KLNM$ 对角线的交点. 引直线 DF，通过 F_1 标记它同界面 ABC 的交点. 点 F_1 落在直线 AM 和 CK 的交点处（F_1 同时属于平面 AMD 和平面 DCK）. 利用点 F_1 容易作图. 进一步作点 F 作为 DF_1 和 LM 的交点. 然后找到点 N.

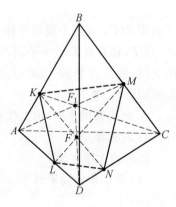

图 2.11

我们用另外的称为**内部投影法**的途径来考察（在所给出的情况下说到关于中心投影. 四边形 $KMCA$ 是四边形 $KMNL$ 由点 D 的投影，此时 $KMNL$ 的对角线的交点 —— 点 F —— 变为四边形 $KMCA$ 的对角线的交点 —— 点 F_1）. 这个方法可以认为等价于截痕法和辅助平面法.

现在我们再次考察，当给出截面的点 K, L, M 属于棱锥界面的情况（图

2.12). 假设截面已经作出,并且截平面交棱 DC 于点 P. 我们通过 F 标记 KM 和 LP 的交点,所有这些点由点 D 向 ABC 投影. 点 K 和 M 变作点 K_1 和 M_1(它们容易求得),点 P 变作点 C,点 F 变作点 F_1,它是 K_1M_1 和 LC 的交点. 我们作点 F_1,然后作 KM 和 F_1D 的交点 —— 点 F,最后作 LF 和 DC 的交点 —— 点 P. ▼

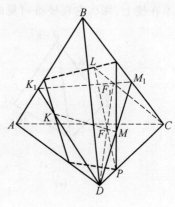

图 2.12

我们再解一个另外类型的问题.

问题 2　在棱锥 $ABCD$ 的棱 AD,DC 和 BC 上取点 K,L 和 M(图 2.13(a)). 作出通过点 M 和直线 BK 与 AL 相交点的直线的画像.

我们考察一般的情况. 设有两条异面直线 l_1 和 l_2 与点 M,则通过点 M 引的和直线 l_1 与 l_2 相交的直线,是两个平面的交线:一个平面通过直线 l_1 和点 M,而另一个平面通过 l_2 和点 M. 实际上,这条直线包含在这两个平面中,因为由它们的每一个位于点 M 及这条直线上的另一个点,即直线与 l_1(或 l_2)的交点.

解　于是,应当作直线,它是平面 BMK 和平面 AML 的交线. 为此只需再作这两个平面不同于点 M 的另一个交点. 例如, 作 KC 和 AL 的交点 P(图 2.13(b)). 如果出现直线 PM 平行于 BK,那么问题没有解. ▼

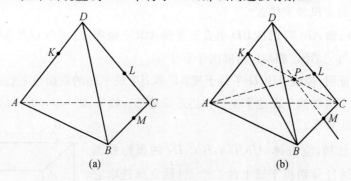

图 2.13

▲■● 课题,作业,问题

1.　通过三个标出的点(图 2.14)画平面,作三棱锥的截面. 如果标出的点不在棱上,那么它在棱锥可见的界面内部.

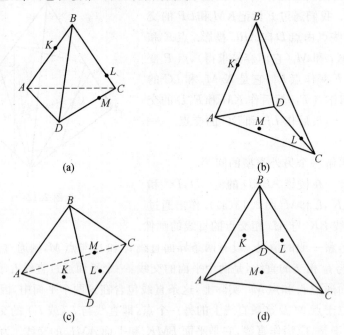

图 2.14

2. △*ABC* 的面积等于 2. 棱锥 *ABCD* 中,过棱 *AD*,*BD* 和 *CD* 的中点的平面的截面的面积等于什么?

3. 棱锥 *ABCD* 的棱 *BD* 垂直于平面 *ABC*. 证明:过点 *D* 以及 *AB* 和 *BC* 中点的截面与 △*ABC* 相似. 相似比等于什么?

4. 证明:棱锥 *ABCD* 平行于棱 *AC* 和 *BD* 的平面的截面是平行四边形,并且对于一个这样的平面这个平行四边形是菱形. 如果 $AC = a$,$BD = b$,则这个菱形的边等于什么?

5. 已知,立方体 $ABCDA_1B_1C_1D_1$ 的画像如图 2.15 所示. 通过分别位于棱上的三个点(独立地选取它们) 的平面作立方体的截面:

(1)[в] *AB*,*AD*,DD_1;

(2)[в] *AD*,*BC*,B_1C_1;

(3)*AD*,D_1C_1,BB_1;

(4)*AD*,*AB* 和界面 DD_1C_1C;

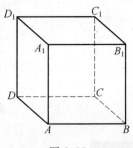

图 2.15

(5)AA_1 和界面 DD_1C_1C 以及 BB_1C_1C.

6.　在棱锥 $ABCD$ 的画像中,棱 AB,CB 和 DB 上分别标注有点 K,L 和 M.求作:

(1) 平面 CDK 和 MLA 相交的直线;

(2) 平面 ACM,CDK 和 ADL 的交点;

(3) 平面 AML,CKM 和 DKL 的交点.

7(T).　棱锥 $ABCD$ 的画像中,在它的棱 AB,BC,CD,DA,BD 和 AC 上分别标注有点 K,L,M,P,N 和 Q.求作:

(1) 平面 KLM 和 PNQ 相交的直线;

(2) 平面 ALM,CNP 和 DKQ 的交点.

8(B).　棱锥 $ABCD$ 的画像中,在它的棱 AB 上标有点 K.求作通过点 K 并且平行于 BC 和 AD 的棱锥的截面.

9(T).　棱锥 $ABCD$ 的画像中,在棱 CD 和 AB 上标有点 K 和 M.求作过点 K 和 M 且平行于 AD 的平面的棱锥的截面.

10(T).　三棱锥的画像中,它的三个界面所在的平面上标有点.求作通过这三个点的平面的棱锥的截面.

11(T).　在平面上引有共同始点的三条射线 m,n,p,同时标注三个点 A,B,C(图 2.16).求作 $\triangle MNP$,它的顶点在射线上(M 在 m 上,N 在 n 上,P 在 p 上),而边 MN,NP,PM 分别通过点 A,B,C.

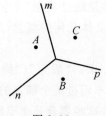

图 2.16

2.3　凸多面体

我们没有给出"多面体"概念的严格定义.不但如此,不同的人(包括学者在内)可以有不同的关于怎样的体是多面体,又怎样的体不是多面体的表述.比如,在图 2.17 中所示的体(怎样的呢?),它们无疑是多面体.但对于它们中的某些个不同的人可以有不同的见解,所以,此时要全部依赖于学者遵循的观点.

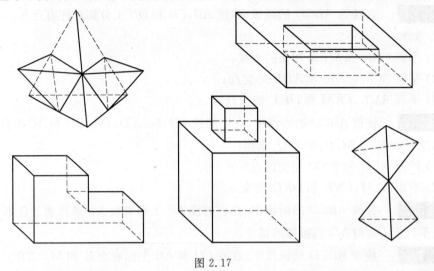

图 2.17

从任意的多面体的集合中分出重要的类型 —— 凸多面体. 就是说这些多面体我们将首先学习. 凸多面体不仅总是可以容易"认出",而且可以给出这个概念完全精确的定义.

定义 15

想象由有限个数的半空间的交所限定的空间部分叫作凸多面体. 在此情况,存在不在一个平面上的四个点,属于指出的空间部分.

正如我们见到的,凸多面体是通过概念"半空间"来定义的,"半空间"是一个基本的、原始的、不加定义的立体几何的概念(参见第 1 章,节 1.1 中第二个基本性质).

现我们来说明给出的定义. 术语"限定"("约束")意味着,多面体中任意两点间的距离是有限的,也就是,不超过某个确定的量. 两个(或多个)集合的"交"是属于所有这些集合(在定义中这些集合是半空间)的点的总和. 定义的第二句话除去了,当指出的交变为(退化为)平面上的多边形、线段、点或者空集合这些退化的情况.

凸性的概念是几何学中一个重要的概念,凸多面体只是不同形式的凸图形(体)的一种.

定义 16

图形(体、集合)称为凸的,如果对于属于图形的任意两个点,联结这两个点的线段,同样属于图形(体、集合).

自然会提出这样的问题,为什么根据定义 15 的凸多面体,在定义 16 的意义下是凸的? 这个事实由下面的定理得出.

定理 2.1(关于凸集合的交)

某些个凸集合的交是凸集合.

证明　我们注意,空集合或只有一个点的集合,我们认为是凸集合. 我们考察两个凸集合 M 和 N,设集合 F 是它们的交(我们记这个为 $F = M \cap N$). 我们设集合 F 包含多于一个点. 我们取属于集合 F 的任意两个点 A 和 B. 根据条件点 A 和 B 既属于集合 M,也属于集合 N,因为这两个集合的每一个都是凸集合,那么根据定义线段 AB 整个地既属于集合 M,也属于集合 N. 这意味着,AB 属于集合 F,也就是 F 是凸集合,因为 A 和 B 是这个集合的任意点,所以很清楚,任意个数凸集合的交是凸集合. ▼

由这个定理得出,凸多面体(参见定义 15)在定义 16 的意义下是凸集合,因为半空间是凸集合.

在任意多面体的表面上有界面、棱和顶点. 凸多面体的界面是平面的凸多边形. 凸多面体的表面由界面组成,此时不同的界面在不同的平面上. 界面的边是多面体的棱;界面的顶点是多面体的顶点;凸多面体界面的多边形的角是多面体的面角. 相邻界面(也就是具有公共边的界面,即多面体的棱)之间的二面角,同样是多面体的二面角.

除面角和二面角之外,凸多面体还具有多面角. 这些角由具有共同顶点的界面形成.

▲■● 课题,作业,问题

1. 凸六面体界面具有怎样最大的边数？凸 100 面体呢？

2. 能够有四个界面;五个界面的非凸多面体吗？

3. 证明:凸多面体的投影是凸多边形.

4. 证明:凸多面体的任意截面是凸多边形.

5. 证明:与凸多面体相交的平面分它为两个凸多面体.

6(T). 引进凸 100 面体的例子,在它的截面中能找到由 3 到 100 任意边数的多边形.

7(T). 证明:在任意凸多面体中存在两个边数相等的界面.

2.4 多 面 角

正如我们知道的,术语"多边形"具体为概念"三角形""七边形",等等. 同样地,术语"多面角"是总起来的,且分别用数代替"多",我们得到"三面角""七面角",等等. 我们注意新术语的一个特性. 前面引进"二面角"的概念,同时作为在平面上的"两边形"的概念(数学家说"在欧几里得平面上"强调指出,说的是"欧几里得几何学")是没有意义的,且毕竟"二面角"是特别的概念,所以通常说的"多面角"并不具有二面角的形式.

定义 17

三面角是由有共同顶点和两两有公共边的,不在一个平面上的三个平面角所限定的空间的部分. 此时被分出的这个空间部分,它不包含任何整个的直线.

我们解释给出的定义. 我们考察不在一个平面上的三条射线 OA,OB 和 OC. 平面角 AOB,BOC 和 COA 限定三面角 $OABC$(图 2.18). 此时 $\angle AOB$,$\angle BOC$ 和 $\angle COA$ 本身叫作三面角的面角,它们形成三面角的界面. 界面之间的角是三面角的二面角;射线 OA,OB 和 OC 是三面角的棱;O 是三面角的顶点. 三面角的界面构成它的表面.

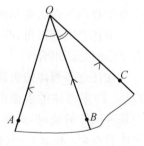

图 2.18

现在就不难理解,什么是四面角,五面角和 n 面角了. 然而如果任意三面角是凸的,那么已知的四面角可以不只有凸的而且有非凸的. 我们要考察的主要是凸多面角. 现我们证明关于三面角的平面角的两个定理.

定理 2.2(关于三面角的面角和)

三面角的面角和小于 2π.

证明　这个定理的证明依靠下面的辅助练习.

设平面 p 通过等腰 $\triangle KLM$ 的底边 KL,点 M' 是 M 在平面 p 上的射影(假设点 M 不属于这个平面),则有 $\angle KM'L > \angle KML$(图 2.19).

辅助练习的证明如下:

设 KM' 和 LM' 是相等的线段 KM 和 KL 的射影(图 2.19). 这意味着,$KM'=LM'<KM$,即 $\triangle KLM'$ 是腰 KM' 和 LM' 比 KM 和 LM 小的等腰三角形. 所以 $\triangle KLM$ 内部存在点 M_1,使得 $KM_1 = LM_1 = KM' = LM'$. 这意味着,有 $\angle KM'L = \angle KM_1L$,它比 $\angle KML$ 大.

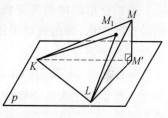

图 2.19

辅助练习证毕. 现回到本定理.

我们考察顶点为 O 的三面角. 在它的棱上标注相等的线段 $OA = OB = OC$(图 2.20). 设 $\angle BOC = \alpha$,$\angle COA = \beta$,$\angle AOB = \gamma$. 通过 O' 标记 O 在平面 ABC 上的投影. 我们有 $O'A = O'B = O'C$. 根据辅助练习 $\angle BO'C > \alpha$,$\angle CO'A > \beta$,$\angle AO'B > \gamma$. 如果点 O' 在 $\triangle ABC$ 的内部(图 2.20(a)),那么 $\alpha + \beta + \gamma$ 比 $\angle BO'C + \angle CO'A + \angle AO'B = 2\pi$ 要小. 如果 O' 在 $\triangle ABC$ 的外部(图 2.20(b)),那么和 $\angle BO'C + \angle CO'A + \angle AO'B$ 等于这些角中最大角的 2 倍(在图 2.20(b)中是 $\angle AO'B$),也就是小于 2π.

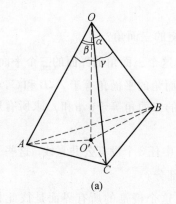
(a)

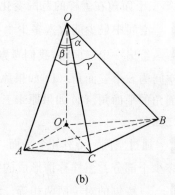
(b)

图 2.20

证明完整地证毕. ▼

定理 2.3(三面角的三角形不等式)

三面角的任一个面角小于另两个面角的和.

证明 我们考察三面角 $OABC$(图2.21).它的面角通过 α,β,γ 来标记. 考察与射线 OA 反向位置的射线 OA'.三面角 $OA'BC$ 的面角等于 $\alpha,\pi-\beta,\pi-\gamma$. 根据定理2.2,我们有 $\alpha+(\pi-\beta)+(\pi-\gamma)<2\pi$,由此 $\alpha<\beta+\gamma$. ▼

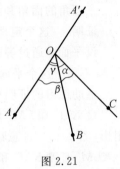

图 2.21

稍后介绍的球面几何能够更加严格地给出刚才证明定理的名称,即出现对于球面三角形的我们刚才证明过的三角形不等式.

除此之外,由证明的不复杂的性质引出,对于任意多面角类似的性质是正确的,因为任何多面角可以通过引"对角面"分为三面角.

▲■● 课题,作业,问题

1. 三棱锥所有面角的和等于什么?

2. 求三面角的二面角,它的面角等于$90°,90°$ 和 α.

3(B). 三面角的所有面角都等于$90°$,求面角平分线之间的角.

4. 如果三面角的面角中有两个分别等于:(1) $70°$ 和$100°$;(2) $130°$ 和$150°$.问第三个面角在怎样的范围变化?

5. 空间中最少能放入多少个不相交的三面角?

6(B). 给出一个三面角,我们考察包含这个三面角的界面的三个平面.这些平面分空间为 8 个三面角.(1) 如果原来三面角的平面角等于 A,B 和 C,求所有形成三面角的平面角.(2) 如果原来三面角的二面角等于 α,β 和 γ,求所有形成三面角的二面角.

7. 通过空间一点作 4 个平面,它们中任 3 个没有公共直线. 这些平面分空间为多少个部分?怎样称谓形成的空间部分?

8(B). 三棱锥的对棱两两相等. 证明:这个棱锥的所有界面是彼此相等的锐角三角形.

9(T).　A,B,C,D 是空间 4 个点. 已知 $AD=BD=CD$，$\angle ADB=90°$，$\angle ADC=50°$，$\angle BDC=140°$. 求 $\triangle ABC$ 各角的度数.

10.　三面角的所有面角等于 60°. 求这个三面角的棱同所对界面所在的平面所形成的角.

11(T).　两个三面角的顶点重合，此时它们中第一个三面角的棱整个落在第二个三面角的内部. 证明：第一个三面角的面角的和小于第二个三面角的面角的和.

12(T).　考察通过三面角 $OABC$ 的面角 AOB 和 BOC 的平分线的平面 p. 证明：平面 p 交平面 COA 于垂直于 $\angle COA$ 的平分线的直线.

13(B).　面角在平面上投影的结果是永远得到角，它的量值不小于原来角的量值，对吗？

14(пт).　我们分别通过 A,B,C 和 α,β,γ 标记三面角 $OABC$ 的面角和二面角（α 是棱为 OA 的二面角，$\angle A=\angle BOC$，以此类推）. 在这个角的内部取点 O'，引射线 $O'A',O'B',O'C'$，分别垂直于三面角 $OABC$ 的界面且与它们，或它们的延伸面相交. 求三面角 $O'A'B'C'$ 的面角和二面角.

15(т).　设 x,y 和 z 是三面角的二面角. 利用上题的结果和定理 2.1 及 2.2，证明不等式：(1)$x+y+z>\pi$；(2)$x+y-z<\pi$.

16(П).　三面角的所有面角都是直角. 证明：它的任意截面都是锐角三角形.

17(T).　任何三面角都能作出是锐角三角形的截面吗？

18(T).　证明：凸多面角的面角和小于 2π.

19(T).　证明：在任何三棱锥中存在这样的顶点，它的 3 个面角都是锐角.

20(T).　凸多面体除去属于一个顶点的角后的平面角的和，等于 3 300°. 求这个多面体所有面角的和.

* 解许多立体几何的问题都可化归为平面几何问题. 但也有相反的，当解平面几何问题时可以借助空间的性质. 2.2 节的问题 11 就是一个例子，在它的解法中所使用的方法可以叫作"空间的出口". 我们再考察一例.

21(П).　在平面上引相交于一点的三条直线. 设 A 和 A_1 是第一条直线上的点，B 和 B_1 是另一条直线上的点，C 和 C_1 是第三条直线上的点. 设直线 BC 和 B_1C_1 相交于点 K，直线 CA 和 C_1A_1 相交于点 L，而直线 AB 和 A_1B_1 相交于点 M. 证明：点 K,L 和 M 在一条直线上.（这个结论是笛沙格（Desargues）定理的特例）

22(T).　利用前一个问题的结论，解下面的问题：在平面上标注两个点 A 和

B,借助于一把直尺通过 A 和 B 引直线,假设直尺的长度小于点 A 和 B 之间的距离.

2.5　正　棱　锥

多面体重要的类型之一是棱锥,我们已经不止一次地遇到它. 任何学生一定能够从另外类型的多面体区分出棱锥. 然而本节只给出"棱锥"概念的形式的定义.

定义 18

具有 $n+1$ 个界面(即 $n+1$ 面体),同时它的一个界面是 n 边形,而剩下的 n 个界面是具有公共顶点的三角形,这样的多面体叫作 n 棱锥.

n 棱锥的 n 边形的界面叫作底面,而所有其余的三角形界面叫作侧面. 对于侧面的公共顶点叫作棱锥的顶点. 由顶点引出的棱锥的棱,叫作棱锥的侧棱.

最简单的多面体是(由四个平面围成的立体)或四面体 —— 它同样是最简单的锥体 —— 三棱锥. 三棱锥的特点在于,任何界面都可以看作底面(三个另外的界面分别是侧面). 也就是合理地选取底面可以保证解某些问题的成功.

我们引入两个有益的定理.

定理 2.4(带有相等侧棱的棱锥的性质)

如果棱锥的侧棱彼此相等,那么这个棱锥的底面的多边形具有外接圆. 此时棱锥顶点的射影在底面外接圆的中心.

证明　　定理的结论由相等的斜线具有相等的射影推得. 设 S 是棱锥的顶点,A 和 B 是底面上的某两个顶点,O 是 S 在底面平面上的投影(图 2.22). $\triangle SAO$ 和 $\triangle SBO$ 是具有公共直角边 SO,且根据条件有相等斜边 $SA=SB$ 的直角三角形($\angle SOA = \angle SOB = 90°$).

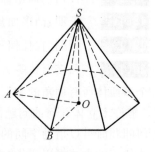
图 2.22

即是说,$OA=OB$. 这样一来,点 O 与底面的所有顶点等远.

定理得证. ▼

定理 2.5(带有底面和侧面之间有相等的角的棱锥的性质)

如果侧面的平面和底面的平面之间的所有角彼此相等(换言之,侧面对底面平面倾斜相等的角),那么所有底面边所在的直线与一个圆相切,而棱锥的顶点投影在这个圆的中心.

证明　设 S 是棱锥的顶点，O 是 S 在底面平面上的投影，AB 为底面的某条边，K 是 S 在直线 AB 上的投影，α 为底面的平面与侧面的平面之间的角. 根据定义 $\alpha \leqslant 90°$（在给出的情况 $\alpha \neq 90°$，图 2.23(a)），$\angle SKO = \alpha$ 是对应的二面角的平面角. 如果 $SO = h$，那么 $OK = SO\cot \angle SKO = h\cot \alpha$. 由点 O 到底面各边的距离是一样的. ▼

注释　请注意，在定理的条件中说的一对平面之间的角是底面的平面和侧面的平面. 如果当底面是相等的二面角时，定理的结论将更是对的，也就是二面角的棱是底面的边和它的一个界面是包含侧面的半平面，而另一个界面是包含棱锥底面的半平面. 在这种情况下，顶点的投影一定在底面的内部（在底面的二面角相等的情况，所有这些角必定是锐角），在这个时候，正如在定理中所简述的条件的情况下，顶点的投影可以出现在底面的外部（图 2.23(b)）. 于是，我们可以明确定理 2.5 的结论.

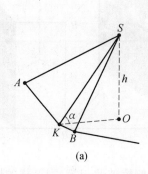
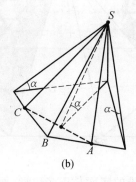

图 2.23

如果棱锥的底面是凸多边形且对底面的二面角都相等，那么底面是圆外切多边形，而顶点投影在底面的内切圆的中心.

线段 SO（S 为顶点，O 为 S 在底面平面的投影）叫作棱锥的高，O 是高线足. 现在不难利用"棱锥的高"和"高线足"的术语来改变定理 2.3 和 2.4 的叙述.

下面定理叙述的是任意棱锥的一般性质.

定理 2.6（棱锥的平行截面的性质）

棱锥中平行于底面的平面的截面，是与底面相似的多边形.

证明　我们证明，截面的所有的角等于底面对应的角，而截面的边的投影对应着底面的边. 我们发现，作对于底面的两个相邻边且对应它们截面的边就足够了.

设 A,B,C 是底面顺次的三个顶点，S 是棱锥的顶点，A_1,B_1,C_1 是平行于底

面的平面分别与棱 SA，SB 和 SC 的交点(图2.24).
因为 A_1B_1 // AB，B_1C_1 // BC，那么
$\angle A_1B_1C_1 = \angle ABC$(参见定理 1.8). 此外，由
$\triangle SA_1B_1$ 和 $\triangle SAB$，$\triangle SB_1C_1$ 和 $\triangle SBC$ 相似，我们
得到：$A_1B_1 : AB = SB_1 : SB = B_1C_1 : BC$. ▼

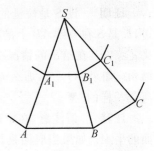

棱锥的集合中分出一种重要的棱锥类型——
正棱锥.

图 2.24

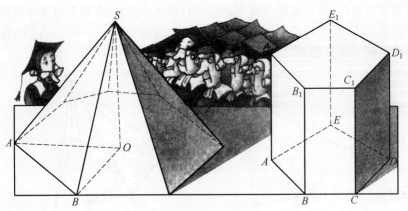

定义 19

如果棱锥的底面是正多边形，而所有的侧棱彼此相等，则这样的棱锥叫作正
棱锥.

我们引进正四面体的定义.

所有棱彼此相等的四面体(也就是三棱锥)，叫作正四面体.

很清楚，正三棱锥和正四面体不是同一个图形.

▲■● 课题，作业，问题

1(B). 棱锥的所有侧棱等于 b，而高等于 h. 底面外接圆的半径等于什么？

2(B). 求正四面体的二面角.

3(B). 求棱为 a 的正四面体的高.

4. 存在多少种所有棱长等于 l 的不同的棱锥？

5(B).　证明:如果棱锥的侧棱同底面形成相等的角,那么底面是圆内接的多边形且棱锥顶点投影于底面外接圆的中心.

6.　三棱锥的底面是直角边为 a 和 b 的直角三角形,棱锥的侧棱等于 l,求棱锥的高.

7(B).　证明:如果棱锥侧棱相等且对底面的二面角相等,那么这个棱锥是正棱锥.

8.　四棱锥底面的三条边等于 $5,7$ 和 8(边按指出的次序).如果已知,对底面的二面角相等,求底面的第四条边长.

9.　在棱锥 $ABCD$ 中,界面 ABC 的面积是界面 ABD 面积的 4 倍.在棱 CD 上取点 M,使得 $CM:MD=2$.通过 M 引平行于界面 ABC 和界面 ABD 的平面.求此时得到的界面的面积之比.

10.　棱锥的侧棱分为 100 个相等的部分,且通过分点引平行于底面的平面.求得到的最大的截面与最小的截面的面积之比.

11.　在棱锥的侧棱 AB 上取点 K 和 M,使得 $AK=BM$.通过这两点作平行于棱锥底面的截面.已知,这些截面面积的和是棱锥底面面积的 $\dfrac{2}{3}$.求 $KM:AB$.

12(T).　棱锥底面的二面角等于 α,而侧棱同底面形成的角等于 β.已知 $\tan\alpha=k\tan\beta$.如果 $k=2$,则棱锥的底面有多少条边? k 能等于什么值?

13.　棱锥底面的二面角等于 α,侧表面的面积为 S.求底面的面积.

14.　三棱锥的底面是正三角形,棱锥的高等于 h,所有侧界面对底面平面的倾斜角为 α.求底面的面积.(考察所有可能性)

15(B).　棱锥的底面是边长为 $3,4$ 和 5 的三角形,侧界面对底面平面的倾斜角为 $45°$.则棱锥的高能等于什么?

16(B).　正三棱锥底面的边长等于 a,侧棱等于 b.求棱锥的高和侧界面之间的二面角.

17.　在棱长为 a 的正四面体的各界面上向外面作正四面体.证明:所作四面体的顶点是新的正四面体的顶点.求它的棱长.

18(T).　以正四面体的各界面作底面向四面体外作相等的正棱锥.在四面体界面对的这些棱锥的顶点处的面角是直角.我们考察四面体和指出的棱锥所形成的多面体.则这个多面体有多少个界面?怎样命名这个多面体?

19(Ⅱ). 正 n 棱锥的顶点处的面角都等于 α. 求这个棱锥在底面的二面角. 当 $n=3,4$ 时解本题. 再引进对任意 n 的解答.

20(B). 棱锥的底面是面积等于 6 的多边形. 平行于底面的平面分棱锥的高为 $1:2$(从顶点算起)两部分. 求这个平面截棱锥的截面面积.

21. 正三棱锥的底面是面积为 S 的三角形. 侧界面的面积等于 Q. 求这个棱锥通过底面一边和它的对棱中点的截面面积.

22(B). 正 n 棱锥的底面面积等于 S,而侧界面的面积等于 Q. 求这个棱锥对底面的二面角.

23. 有两个正三棱锥具有共同底面,当一个棱锥它对的顶点处的所有面角等于 $60°$,而另一个棱锥它对的顶点处的所有面角等于 $90°$ 时. 求这两个棱锥高的比.

24. 在三棱锥 $ABCD$ 中,界面 ABC 和 ABD 的面积等于 3 和 4. 通过棱 CD 上的点作平行于 ABC 和 ABD 的平面且交棱锥为两个等积的三角形. 则这个平面分棱 CD 为怎样的比?

25(T). 由长为 $1,2,2,3,3,3$ 的六条线段能够组成多少不同的棱锥(这些线段等于棱锥的棱)?

26(Ⅱ). 存在这样的四棱锥,使它的两个相对的界面垂直于底面的平面吗?

27(B). 证明:在正三棱锥中对棱两两垂直.

28. 在底面为 $ABCD$ 的棱锥 $SABCD$ 中,已知,顶点 S 处的面角 $\angle ASB=30°,\angle BSC=40°,\angle CSD=50°,\angle DSA=80°$. 则 $\angle ASC$ 和 $\angle BSD$ 能在怎样的范围变化?

29(Ⅱ). 三棱锥在顶点处的所有面角是直角. 证明:这个顶点投影在所对界面的高线的交点.

30. 通过正三棱锥某个棱的中点作平行于棱锥的两条异面棱的截面. 如果棱锥底面的边长等于 a,它的侧棱等于 b. 求这个截面的面积.

31(T). 正四面体的棱等于 a. 这个四面体在平面上投影面积的最大值等于什么?

32(T). 在棱锥 $ABCD$ 中,界面 ABC 是正三角形,棱 DA 等于这个三角形的边,顶点 D 处的所有面角彼此相等. 问这些角能等于什么?

33(T). 棱锥 $SABCD$ 的底面是四边形 $ABCD$,已知 $AB=BC=5,AD=$

$DC = AC = 2$. 还知道 $SB = 6$,而棱 SD 是这个棱锥的高. 求 SD.

34(T). 　　分棱锥 $ABCD$ 为 8 个相似于它且彼此相等的棱锥,如果:

(1) $AB = CD$,棱 AB 垂直于 CD,又 AB 和 CD 的公垂线等于它们每一个的一半且通过这两个棱的中点;

(2) 在顶点 D 处的所有面角是直角,且 $DA = DB = \sqrt{2}\,DC$;

(3) 在棱 BC 处的二面角是直角,$\angle ABC = \angle BCD = 90°$ 且 $AB = BC = CD$;

(4) $AC = CB$,$\angle ACB = 90°$,由顶点 D 引的高通过 AB 的中点且等于 $\frac{1}{2} AC$.

存在另外形式的三棱锥吗? 它能够分为彼此和原棱锥相似(不必是 8 个),不知道. 这个问题到现在(课本完成时)仍属于没解决的.

2.6　棱柱,平行六面体

定义 20

多面体叫作棱柱,如果它的所有顶点在两张平行的平面上,且此时这两个平面在棱柱的两个界面上,是带有对应平行边的相等多边形,而不在这两个平面上的所有的棱是平行的.

两个相等的界面叫棱柱的底面,所有剩下的棱柱的界面叫作侧面,它们形成棱柱的侧表面. 棱柱的所有侧界面是平行四边形.

不位于底面的棱叫作棱柱的侧棱. 如果棱柱的底面是 n 边形,则这个棱柱叫作 n 棱柱.

图 2.25 是五棱柱 $ABCDEA_1B_1C_1D_1E_1$ 的画像. 这

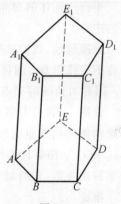

图 2.25

里利用最简单(标准的)标记棱柱顶点的方法和规范的书写:开始依次环绕写出一个底面指出的顶点,然后按同样的次序写另一个底面的顶点;每个侧棱的端点用同样的字母标记,只是位于一个底面的顶点标记的字母没有标号,而位于另一个底面的顶点标记的字母带有标号.

我们所熟悉的平行六面体(图 2.26)是棱柱的特殊情形:平行六面体是底面为平行四边形的四棱柱,同时它的底面可以取任意的平行四边形界面.

如果棱柱的侧棱垂直于底面,则这个棱柱叫作直棱柱.

一个棱柱叫作正棱柱,如果它是直棱柱,且它的底面是正多边形.

正如已经标注的,平行六面体是棱柱的特殊情形. 我们专门分出长方体,它是所有界面都是长方形的平行六面体(图 2.27).

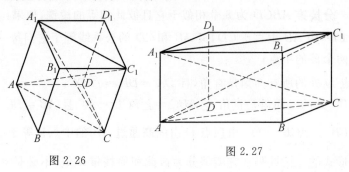

图 2.26　　　　　　　　　图 2.27

平行六面体的对角线是联结它的相对顶点的线段. 在平行六面体中有四条对角线.

定理 2.7(平行六面体对角线的性质)

平行六面体的对角线相交于一点且被这点所平分.

平行六面体的对角线的交点是平行六面体的对称中心,或者简称平行六面体的中心.

更准确地,我们称图形或者立体的对称中心是这样的点,体在关于这个点的对称下变作自身. 同样发现,在对称下平行六面体的像用它顶点的像单值地给出. 因此对角线的交点是平行六面体的对称中心(如果我们证明了定理 2.7).

证明　我们考察平行六面体 $ABCDA_1B_1C_1D_1$(图 2.26). 我们证明,它的任意两条对角线相交且被交点所平分. 我们取,例如,对角线 AC_1 和 CA_1. 棱 AA_1 和 CC_1 相等且平行,因为它们每一个平行且等于棱 BB_1. 就是说,AA_1C_1C 是平行四边形,它的对角线 AC_1 和 CA_1 相交且被交点所平分. ▼

推论

平行六面体对角线的交点是其对称中心. 平行六面体的 12 条棱形成分别由相等且彼此平行的线段所组成的三个拼四小组.

定理 2.8

长方体的对角线相等.

证明　我们考察长方体 $ABCDA_1B_1C_1D_1$(参见图 2.27). 棱 AA_1 和 CC_1 相等且垂直于界面 $ABCD$ 和 $A_1B_1C_1D_1$,它们中有线段 AC 和 A_1C_1. 因此,AA_1C_1C 是长方形且 $AC_1=CA_1$. 对于任一对对角线同样是对的. ▼

定理 2.9(长方体的毕达哥拉斯(Pythagoras) 定理)

设 a,b 和 c 是长方体的三条不平行的棱长,d 是对角线的长,则

$a^2+b^2+c^2=d^2$（这个定理是许多的类似毕达哥拉斯定理的推广之一）.

证明　设长方体 $ABCDA_1B_1C_1D_1$（参见图 2.27）中，$AB=a$，$AD=b$，$AA_1=c$（这同样对应平行于它们的棱的长）. 因为 AA_1C_1C 是长方形，所以

$$d^2=AC_1^2=AC^2+CC_1^2=AB^2+BC^2+CC_1^2=a^2+b^2+c^2\ ▼$$

▲■● 　课题，作业，问题

1.　分割三棱柱为三个三棱锥.

2.　分割立方体为三个相等的四棱锥.

3.　某个多面体的顶点、棱和界面三个数量的和等于(1)102；(2)104. 如果已知它要么是棱锥，要么是棱柱，那么请确定多面体的形式.

4(B).　求单位立方体的对角线.

5.　不在一个平面上的三条线段具有公共点，且被这个点所平分. 证明：这些线段的端点是平行六面体的顶点.

6.　求单位立方体的界面中心到所对界面顶点的距离.

7.　长方体的棱等于 2，3 和 4．求它对角线之间的角.

8.　线段在三条两两垂直的直线上的射影等于 1，2 和 3．求这条线段的长.

9.　求所有棱长等于 2 的正三棱柱的不同底面的不平行边的中点之间的距离.

10.　证明：在立方体中能选出四个顶点是正四面体的四个顶点，并且可以用两种方法作出.

11.　考察两个三棱锥，它们的顶点是已知平行六面体的顶点（平行六面体的每个顶点是一个锥的顶点）. 能够使得一个棱锥的每个顶点属于另一个棱锥的界面吗？反过来呢？

12.　通过三棱锥棱上的点作两个平面，分别平行于这个棱锥的两个界面. 这些平面截去两个三棱锥. 则分割剩余的多面体为两个三棱柱.

13(B).　长方体三个不同界面的对角线等于 m，n 和 p．求这个长方体的对角线.

14(B).　长方体的对角线同它的棱所成的角等于 α,β 和 γ．证明

$$\cos^2\alpha + \cos^2\beta + \cos^2\gamma = 1$$

15(B). 平行六面体 $ABCDA_1B_1C_1D_1$ 的对角线 AC_1 被平面 A_1BD 分为怎样的比?

16(T). 在一种老课本中给出这样的棱柱定义:"多面体叫作棱柱,如果它的两个界面是带有对应平行边的相等多边形,而所有其余的界面是平行四边形." 引入多面体的例子,满足这个定义,但不是棱柱.

17(T). 在前面问题引进的定义,如果在"多面体"一词的前面加上"凸的"能变成对的吗?

提示:取立方体以它的每个界面为底面,向外面作底面的二面角为 $45°$ 的正四棱锥.

18(T). 求立方体的棱长,它的一个界面位于正棱锥底面的平面上,而四个剩余的顶点在它的侧表面上,如果棱锥的底面边长等于 a,而高等于 h.(1) 对正四棱锥;(2) 对正三棱锥,解这个问题.

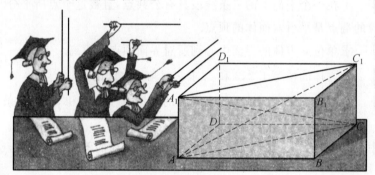

19(П). 长方体的棱长等于 a,b 和 $c(a\leqslant b\leqslant c)$. 求:(1) 它的对角线之间的角;(2) 长方体的对角线同它的边为 a 和 b 的界面的异面对角线之间的角;(3) 具有公共棱 a 的两个界面的异面对角线之间的角.

20. 设 K,L 和 M 是长方体 $ABCDA_1B_1C_1D_1$ 的棱 AD,A_1B_1 和 CC_1 的中点,其中 $AB=a$,$AA_1=b$,$AD=c$. 求 $\triangle KLM$ 的周长.

21(T). 指出平行六面体 $ABCDA_1B_1C_1D_1$ 的对角线 AC_1 上的所有的点,通过它们不能引直线与下列两条直线相交:(1)BC 和 DD_1;(2)A_1B 和 B_1C.

22(T). 长方体的两个棱等于 1 和 2. 平行于这两个棱的平面,分长方体为两个不等的,但彼此相似的长方体. 求不同于已知两条棱的第三条棱的长.

23(T). 在单位立方体 $ABCDA_1B_1C_1D_1$ 的棱 A_1B_1 和 A_1D_1 上取点 K 和 M,

使得 $A_1K=A_1M=x$. 如果已知当立方体绕对角线 AC_1 旋转角 α 时,点 K 变作点 M,求 x.

24(Ⅱ). 作棱柱 $ABCA_1B_1C_1$ 的画像,如果给出画像上下面的点:
(1)A,B,B_1 和 C_1;(2)AA_1,BC,CC_1 和 A_1C_1 的中点.

25. 作平行六面体 $ABCDA_1B_1C_1D_1$ 的画像,如果给出画像上下面的点:
(1)A,B,D,A_1;(2)A,B,C,D_1;(3)A,C,B_1,D_1;(4)AB_1,BC_1,CD 和 A_1D_1 的中点;(5)A,B 以及界面 $A_1B_1C_1D_1$ 和 CDD_1C_1 的中心.

26. 已知棱柱 $ABCA_1B_1C_1$ 的画像. 作画像上平面 A_1BC,AB_1C 和 ABC_1 的交点 M. 设棱柱的高等于 h. 由点 M 到棱柱底面的距离等于多少?

27(ПТ). 设 O 是正三棱锥高的中点. 第二个棱锥与已知棱锥关于点 O 对称. 两个指出的棱锥的公共部分的多面体怎样称谓?(如果您不知道它的名称,写出它是怎样安置的)如果侧界面的面积等于 S,则这个多面体的表面积等于什么?

28(Т). 长方体的棱长等于 a,b 和 $c(a<b<c)$. 这个长方体的某个截面是正方形. 求这个正方形的边长.

29. 平行六面体 $ABCDA_1B_1C_1D_1$ 的顶点 A 在某个平面上的射影是在 $\triangle A_1BD$ 在这个平面上的射影的内部. 证明:平行六面体的射影面积是 $\triangle A_1BD$ 射影面积的 2 倍.

30(Т). 利用上面问题的结果,求棱为 a,b 和 c 的长方体在某个平面上射影面积的最大值.

31(Т). 通过单位立方体的中心作平面分它为两个多面体. 证明:在得到的多面体的每一个中存在对角线,它的长不小于 $\dfrac{3}{2}$.

32. 最不同职业的代表者利用他们的专业性质来研究多面体. 例如,多面体的性质奉献给有如矿物学和结晶学这样的科学篇章. 著名的俄罗斯矿物学家和结晶学家 E. C. 费多洛夫(Фёоров,1853—1919)就做出了同多面体性质相联系的卓越发现. 他发现多面体中的某些个被称作"费多洛夫晶体",这就是它们中的一个.

取立方体且联结它的中心同全部顶点. 对于得到的 8 条这样的线段的每一条,作垂直于它且通过中点的平面. 我们考察这些平面和立方体表面限定的多面体(它里面包含立方体的中心). 得到的多面体有多少个界面?它的界面是怎样的多边形?证明:这样的多面体能够没有空隙且不相交地充满整个空间.

第3章 圆 形 体

3.1 基本概念

圆锥体、圆柱体和球是圆形体最重要的形式. 任何学生都了解有关于它们的形状,因为早在童年时代就经常地遇到具有圆锥形、圆柱形或者球状的形体.

我们将考察圆锥形、圆柱形的一种特别的形式 —— 直圆锥和直圆柱.

限界直圆锥的表面,由底面和侧表面两部分组成. 这样的锥体的底面是圆域,侧表面由联结圆锥的顶点 S 同限界圆锥底面圆上的点的所有可能的线段所组成,在此情况下,顶点 S 位于底面外且投影在底面的中心(图3.1).

词"直圆的"刚好意味着,圆锥的底面是圆域("圆的"),而顶点投影在这个圆的中心("直的").

图3.1

在更广泛的意义下来说,锥体可以理解为这样的体,它的表面由下列的方法得到:取任意封闭的不自交的平面曲线 L 和不与这条曲线在一个平面的点 S,曲线 L 叫作锥体的导向曲线,点 S 叫锥体的顶点. 联结顶点 S 同导向曲线上的点的所有可能的线段,叫作锥体的母线. 它们填满了锥体的侧表面. 我们发现由给定的定义得出,任何棱锥都可以认为是锥体的不同形式.

如果锥体的侧表面沿母线剪开,那么它可以"展开"为平面.直圆锥的侧面展开是半径等于母线长的圆扇形.

我们将学习的只是直圆锥的性质,而词"直圆的"我们将省略.这样一来,如果说"我们考察圆锥",那么这意味着"我们考察直圆锥".如果需要另外的锥体,我们对此将加以说明.

当考察柱体时也出现类似的情况.我们将学习直圆柱,它的表面由两个底面和侧表面组成.直圆柱的底面是安置在平行平面上的两个相等的圆,联结两圆中心的直线垂直于这两个平面.垂直于底面且端点在底面圆上的所有可能的线段,即圆柱的母线构成圆柱的侧表面(图 3.2).

正如锥体的情况,可以扩展到任意的柱体.说到圆柱,词"直圆的"我们也将省略.如果沿着母线剪开圆柱的侧表面,则展开后是长方形.

在所有立体中"最圆的",无疑是球体.球体的表面 —— 球面是到给定点 —— 球心有给定距离的(叫作半径)空间点的轨迹(图 3.3).同球面和球体(即如同圆和圆域一样)联系着"直径"和"弦"的概念.

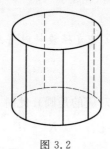 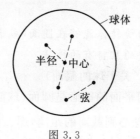

图 3.2   图 3.3

3.2 旋 转 体

直圆锥和圆柱,还有球体是旋转体族的代表.

某个图形(通常是平面的图形)绕直线旋转的结果得到的立体,叫作旋转体,这条直线叫作旋转轴.

圆锥(直圆的)是直角三角形绕它的一条直角边(准确地说,绕包含直角边的直线)旋转的结果而得到的立体.在这种情况下,指出的直角边不运动且叫作圆锥的轴.于是,Rt$\triangle SOA$ 在顶点 O 的角是直角,绕直角边 SO 旋转时得到轴为 SO 的圆锥,其中 S 为圆锥的顶点,O 为底面的中心,OA 是底面的半径(图 3.4).

圆柱(直圆的)是长方形绕它的一边(准确地说,绕包含边的直线)旋转的结果而得到的立体. 在这种情况下,指出的边形成圆柱体的轴. 图 3.5 是轴为 O_1O_2 的圆柱的画像,它是由长方形 ABO_1O_2 绕直线 O_1O_2 旋转的结果而得到的,O_1 和 O_2 是圆柱两底面的中心.

圆锥、圆柱或任何旋转体与包含旋转轴的平面的交得到轴截面. 圆锥的轴截面是等腰三角形,圆柱的轴截面是长方形. 一个旋转体的所有轴截面彼此相等.

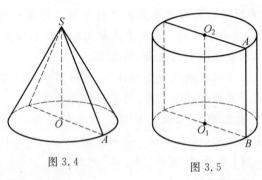

图 3.4　　　　　图 3.5

球体作为旋转体能够在圆面(或者半圆面)绕直径旋转时得到. 下面的定理给出球体重要的且特有的性质.

定理 3.1(关于球的截面)

球与任何平面的截面是圆面(球面的截面对应的是圆). 此时,如果 R 是球的半径,d 是由球心到截面的距离,那么截面的半径 $r = \sqrt{R^2 - d^2}$.

证明　设 O 是球心,O' 是球心在截面上的射影,$OO' = d$,A 是属于球面和截平面的某个点(图 3.6). $\triangle OO'A$ 是直角三角形,$\angle OO'A = 90°$.

因此,$O'A = \sqrt{OA^2 - O'O^2} = \sqrt{R^2 - d^2} = r$.

由此得出,点 A 属于截面上的中心在 O' 且半径等于 r 的圆,要知道这样的圆是到 O' 的距离为 r 远的点的集合. 不难检验,这个圆上的任意点都在给出的球面上. ▼

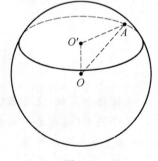

图 3.6

截平面通过球体中心时的球体截面的半径最大. 通过球体中心的平面的球体截面叫作球体的大圆面,而限界它的圆叫作大圆.

定理 3.2*（沿球面的最短路径）

联结球面两个点 A 和 B 沿球面的最短路径,是通过点 A 和 B 的大圆的两个 AB 弧中较小的一个.

证明　我们取小弧 AB 上的任意点 M,我们证明,联结点 A 和 B 的最短路径应当通过点 M(图 3.7). 设 O 是球面的中心. 我们通过 M 作两个平面分别垂直于 OA 和 OB. 这两个平面交球面于圆 ω 和圆 υ,它们具有唯一的公共点 M(这是球面同沿着包含 ω 和 υ 的平面交线的切点). 我们考察由 A 到 B 不通过 M 的任意路径. 设这个路径交圆 ω 于点 K,而交圆 υ 于点 P. 容易看到,存在联结点 A 和 M 的路径同联结点 A 和 K 的路径同样长. 此时能

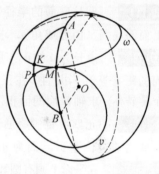

图 3.7

够确信,绕着 OA 转动圆 ω 使得点 K 变作点 M. 类似地,存在联结点 B 和 M 的路径同联结点 B 和 P 的路径同样长. 由此推得,联结点 A 和 B 的最短路径实际上应当通过点 M. 定理得证,因为 M 是小弧 AB 上的任意点. ▼

圆的这个性质可以叫作球面上的直线.同在平面上一样可以类似地说,在球面上的三角形、多边形、圆,等等.我们将在球面几何学中学习它们.

▲■● 　课题,作业,问题

1(B).　圆锥的高为 h,而母线长为 l. 求圆锥的底面半径和轴截面的面积.

2.　确定正方形绕它的对角线旋转的结果而得到的立体的形式.

3(B). 如果圆锥的母线是它的高的 2 倍,求圆锥的轴截面的角(角的顶点同圆锥的顶点重合).

4(B). 求半径为 3 的球体被与球心的距离等于 2 的平面所截面的面积等于 2 的平面所截得截面的面积.

5. 圆锥的轴截面是斜边为 2 的等腰直角三角形. 通过圆锥的顶点作截面,同底面的平面形成角 α.求这个截面的面积.

6. 由一个圆面剪出一个扇形等于圆面的四分之一. 由这个扇形和圆面的剩余部分制成两个圆锥的侧表面. 求这两个圆锥的高的比.

7. 半径等于 2 的球面同与球心距离为 1 的平面相交. 求沿着球面表面截面上最远的两个点之间的最短路径的长.

8. 求边长为 a 的正三角形绕通过它的中心平行于一条边的直线旋转所得到的立体的轴截面的面积.

9(Π). 圆柱底面的半径等于 r. 与圆柱的侧表面相交,不与它的底面相交的平面同底面平面形成角 α. 求圆柱被这个平面所截面的面积.

10(Π). 边长为 a 的正方形绕平行于它的平面的直线 l 旋转. 由 l 到正方形平面的距离等于 h,并且 l 在正方形平面的投影通过它的一组对边的中点.描绘这个旋转体. 求轴截面的面积.

11(T). 正四棱锥围绕通过它的顶点平行于底面一条边的直线旋转. 如果棱锥底面的边长等于 a,高为 h,求得到的立体的轴截面的面积.

12(T). 在平面上画有圆和两个点 A 和 B_1,并且点 A 在圆的内部. 已知:圆是某个圆锥的底面圆,点 A 在这个圆锥的底面上,而 B_1 是位于通过圆锥顶点平行于它的底面的平面上的点 B 的投影. 求作线段 AB 同圆锥侧表面的交点的投影(像).

13(T). 通过直圆锥的顶点作最大面积的截面. 看来,这个截面的面积是圆锥轴截面的面积的 2 倍. 求圆锥轴截面的顶角(母线之间的角).

14(T). 圆柱的高等于 h,底面半径等于 r. 求这个圆柱在平面上投影的面积的最大值.

3.3　圆形体同平面及直线相切

定义 21

同球面具有唯一的公共点的平面,叫作这个球面的切平面.

定理 3.3(关于球面的切平面)

通过球面的每个点 A 有唯一的平面与球面相切. 这个平面垂直于半径 OA, 其中 O 是球面的中心.

证明 设 α 是通过点 A 且垂直于 OA 的平面(图 3.8). 平面 α 上的所有点, 除点 A 外, 都在球面外, 因为与点 O 的距离超过球面的半径(我们提醒: 点到平面的最短路径是这个路径垂直于平面), 就是说, α 是切平面.

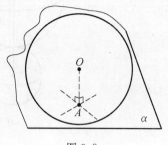

图 3.8

另一方面, 如果某个平面切球面于点 A, 那么 A 是平面上与 O 最近的点, 平面另外的点与 O 远离于球面的半径, 若出现多于一个, 则这意味着, 这个平面与 α 重合. ▼

在空间中可能有圆形体同平面和直线, 也有圆形体彼此相切的不同情况. 这就是它们中的一种.

与圆锥(圆柱)的侧表面相切的平面, 此平面同圆锥(圆柱)的侧表面有唯一的公共线段, 是圆锥(圆柱)的母线.

直线与球面相切时, 这条直线与球面有唯一的公共点. 类似的意义下, 有"直线与圆锥(圆柱)的侧表面相切"的概念. 在这种情况下, 考察的直线不通过在圆锥(圆柱)底面的点和圆锥的顶点.

"两个球面相切"和"球与圆锥(圆柱)的侧表面相切"所表述的意思已足够明了. 我们发现, 这里能够有两种相切的形式: 内切和外切. 对此在解题时不要忘记, 在问题条件中一般不提及相切的特征.

我们发现, 和平面上两个圆相切一样, 两个相切的球面的中心和它们的切点落在一条直线上. 这个结论的证明与它的平面所对照的证明没有什么区别: 如果不是如此(图 3.9), 那么两个球面中心距离间的距离将严格地小于半径的和. 我们考察通过 T, O_1 和 O_2 的平面. 这个平面将包含对于已知球面的多于一个的公共点, 因此, 两个球不是相切的.

在其余的情况, 圆形体相切也能够描写不同部分结构的位置, 即球体的中心一罩, 或者柱体的轴一彼此的关系, 等等. 通常回答这个问题是直观且显然的, 尽管严格证明相应的结论不很简单. 希望大家能独立地在这上面思考, 在解问题的时候经常严格地根据这样的命题是必要的.

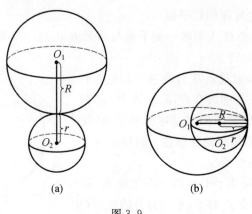

(a)   (b)

图 3.9

▲■● 　课题,作业,问题

1. 　半径为 2 和 3 的两个球的中心分别在点 A 和 B,$AB=7$. 与这两个球相切的平面交直线 AB 于点 M. 求 AM.

2. 　圆锥的轴截面是边长为 4 的等边三角形. 球与圆锥的底面平面切于点 M 且与圆锥的侧表面相切. 如果点 M 到圆锥的轴的距离等于:(1)1;(2)3. 求球的半径.

3. 　圆柱的轴截面是单位正方形. 求通过它的中心且同侧表面相切的最小球的半径.

4. 　已知,平面 α 和垂直于它的直线 l,求半径为 r 的球且同时与平面 α 和直线 l 相切的球心的轨迹.

5(B). 　考察所有可能的且与已知二面角的界面相切的已知半径的球. 求这些球中心的轨迹.

6. 　半径为 R 的球与平面 α 相切. 考察所有可能的半径为 r 的且与已知球和平面 α 相切的球. 求这些球的中心同平面和已知球的切点的轨迹.

7. 　点 A 在球面外部,AB 是对这个球面的切线段(B 是切点). 通过点 A 的直线交球面于点 C 和 D. 证明:成立等式 $AB^2 = AC \cdot AD$.

8(T). 　在 $\triangle ABC$ 中,已知:边 $AB=3$,$AC=4$. 半径为 2 和 3 的两个球的中心在点 B 和 C. 通过点 A 引直线与一个球切于点 M,与另一球切于点 K. 如果:(1)$BC=2$;(2)$BC=5$;(3)$BC=6$,求 MK.

9. 正三角形的边长等于 11. 三个球的球心分别在这个三角形的三个顶点处. 如果他们的半径等于:(1)7,7,7;(2)1,1,1;(3)x,x,x(在此情况答案与 x 有关);(4)$^{(T)}$3,4,6.问存在多少不同的平面同时与全部三个球相切?

10(T). 三角形的边等于 a,b,c. 三个球两两彼此相切且与三角形平面切于三角形的顶点. 求这三个球的半径.

3.4 内接和外切多面体

凸多面体的集合中分出重要的两族:内接的和外切的多面体.

定义 22

凸多面体叫作内接的,如果它的所有顶点都在球面上. 对于考察的多面体这个球面叫作外接球面.

定义 23

凸多面体叫作外切的,如果它的所有界面都与球面相切. 对于考察的多面体这个球面叫作内切球面.

引进的概念与平面几何中已知的内接和外切多边形,外接和内切圆的概念很是相似.

不是任何多面体都是内接的或外切的,然而下面的两个定理是对的,它们类似于三角形所对应的定理.

定理 3.4(关于三棱锥的外接球)

三棱锥有唯一的外接球.

证明 我们考察三棱锥 $ABCD$(图 3.10). 分别作垂直于棱 AB,AC 和 AD 且通过它们的中点的平面(到某条线段端点等远的空间点的轨迹,是垂直于这条线段且通过它的中点的平面. 请独立证明这个定理). 我们通过 O 标记这些平面的交点(这个点存在且唯一. 我们证明这个命题. 我们取前两个平面. 因为垂直于不平行的直线,它们相交. 前两个平面的交线我们通过 l 标记. 这条直线

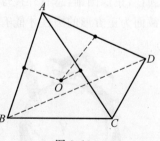

图 3.10

l 垂直于平面 ABC. 垂直于 AD 的平面不与 l 平行且不包含它,因为在相反的情况下直线 AD 垂直于 l,即位于平面 ABC 上). 点 O 与点 A 和 B,A 和 C,A 和 D 的距离相等,就是说,它与棱锥 $ABCD$ 的所有顶点距离相等,也就是中心在点 O 的

适当半径的球面是棱锥 $ABCD$ 的外接球面.

于是,我们证明了对棱锥 $ABCD$ 存在外接球面. 剩下证明它是唯一的. 通过棱锥所有顶点的任意球面的中心,与这些顶点距离等远,就是说,它属于垂直于棱锥的棱且通过这棱中点的平面. 因此这个球的中心与点 O 重合.

定理得证. ▼

我们注意,此时我们证明了,对棱锥所有棱的中垂线相交于一点.

定理 3.5(关于三棱锥的内切球)

任意三棱锥存在唯一的内切球.

证明　我们考察三棱锥 $ABCD$(图 3.11). 作它的以 AB,AC 和 BC 为棱的二面角的平分面. 这些平面具有唯一的公共点(想想为什么). 我们通过 Q 标记它. 点 Q 与棱锥的所有界面的距离相等(它与平面 ABC 和 ABD,ABC 和 ADC,ABC 和 CBD 的距离相等). 这意味着,中心在点 Q 的适当半径的球面是棱锥 $ABCD$ 的内切球面. 这个球面的唯一性同样像前一个定理那样证明. ▼

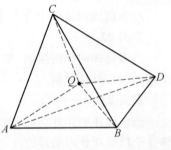

图 3.11

正像前面的情况,我们证明了,三棱锥的所有六个角平分面相交于一点.

注释　外接和内切球面的概念也可同样应用于圆锥和圆柱. 任何圆锥有外接和内切球面. 如果引入圆锥的轴截面,那么这个平面沿着这个球面的大圆与外接和内切球面相交,同时得到的圆将对应着圆锥轴截面的外接和内切圆. 圆柱,正像圆锥,总有外接球面. 但与圆锥的区别是不是所有的圆柱,而只是轴截面为正方形的圆柱才能有内切球面.

▲■● 课题,作业,问题

1(B). 对于棱长为 a 的正四面体,求它的外接和内切球面的半径.

2(B). 求在半径为 R 的球面里内接的立方体的棱长.

3(B). 证明:如果平行六面体能够内接于球面,那么这个平行六面体是长方体.

4(B). 正棱锥的底面边长为 a 和侧棱长为 b. 求:

(1) 外接球面的半径;

(2) 内切球面的半径;

(3) 与棱锥所有的棱相切的球面的半径;

(4) 与底面棱以及侧棱的延长线相切的球面的半径;

(5) 与底面和侧棱相切的球面的半径.

上述每一款对于下列形式的棱锥求解:① 四棱锥;② 三棱锥;③ 六棱锥.

5(B). 对于底面半径为 r,高为 h 的圆锥,求它的外接和内切球的半径.

6. 在球中内接有圆柱和轴截面是直角三角形的圆锥. 求圆柱与圆锥母线的比.

7(B). 求高为 h,底面边长为 a 的正 n 棱柱的外接球面的半径.

8(B). 正三棱柱的底面是边为 1 的三角形. 如果棱柱中可以内切一个球,求棱柱的侧表面积.

9(T). 已知:在给出的棱柱中能够内切一个球. 如果底面积等于 S,求它的侧表面积.

10(T). 一个平面与单位球面的距离为 a. 求一个界面在这个平面上,而相对界面的顶点在球面上的立方体的棱长.

11(B). 一个棱柱能内接于球面. 证明:棱柱的底面能够内接于一个圆. 如果棱柱的高为 h,而它的外接球的半径等于 R,求这个底面外接圆的半径.

12(B). 棱锥的底面是多边形,围绕它有外接圆. 证明:存在棱锥的外接球面. 如果棱锥底面的外接圆的半径等于 r,它的高为 h,而高线足与棱锥底面的顶点重合. 求这个球面的半径.

13. 在三棱锥 $ABCD$ 中,棱 $AB = a$,而 $\angle ACB$ 和 $\angle ADB$ 是直角. 求这个棱锥外接球面的半径.

14. 立方体的一个界面属于圆锥的底面,而其余的顶点排列在圆锥的侧表面上. 已知:圆锥底面的半径等于 r,它的高为 h,求立方体的棱长.

15. 通过半径为 R 的球面的中心引三张两两垂直的平面. 求与所有这些平面及已知球面都相切的球面的半径.

16. 圆锥的轴截面是边长为 a 的正三角形. 通过圆锥的轴作两张垂直的平面,它分圆锥为四个部分. 求这些部分之一的内切球的半径.

17. 在单位立方体内部放有 8 个相等的球. 由与立方体的一个三面角内切的每个球和对应相邻顶点的三个球相切.求这些球的半径.

18(B). 半径为 R 的四个球面彼此两两相切. 求与所有四个球面都相切的球面的半径.

19. 两个球彼此相切且和所有面角都是直角的三面角的界面相切. 求这两个球的半径之比.

20(Ⅱ). 证明:如果已知四面角能有内切球,那么这个四面角相对面角之和相等. 证明逆命题也正确:如果四面角相对面角之和相等,那么这个四面角能有内切球.

21(Ⅱ). 已知三面角 $OABC$,其中 $\angle BOC = \alpha$,$\angle COA = \beta$,$\angle AOB = \gamma$. 设该三面角的内切球切界面 BOC 于点 K. 求 $\angle KOB$.

22(T). $\triangle ABC$ 内接于圆锥的底面,S 是圆锥的顶点. 在三面角 $SABC$ 中,以 SA,SB 和 SC 为棱的二面角分别等于 x,y 和 z.求平面 SAB 和平面 SAO 之间的角,其中 SO 是已知圆锥的高.

23(T). 四面角 $OABCD$(OA,OB,OC,OD 是它的棱)被平面 OAC 分为两个三面角. 在得到的每个三面角中有内切球. 这两个球与平面 OAC 切于点 K 和 M. 如果 $\angle BOA = \alpha$,$\angle DOA = \beta$,$\angle BOC = \angle COD$,求 $\angle KOM$.

24(Ⅱ). 证明:通过任意四面体各界面的中线交点的球面的半径等于这个四面体外接球半径的三分之一. 利用这个事实证明,在任意四面体中成立不等式 $R \geqslant 3r$,其中 R 和 r 分别是外接球和内切球的半径.

25(T). 正四棱锥的侧棱长等于 l,而在顶点处的面角等于 α. 求这个棱锥外接球面的半径.

第4章　立体几何的问题和解题方法

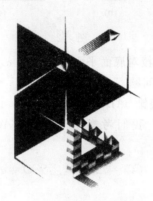

4.1　辅助平面、截面

解大量的立体几何问题的基本原则在于,利用不同的方法将已知问题化归为一个或某几个平面几何的问题.为此经常要借助于辅助截面或辅助平面来实现.典型的是求正棱锥的二面角和平面角、计算正棱锥、圆锥的外接球和内切球的半径,等等.

例如,当解正四棱锥的问题时,可以借助它的对角截面或者通过它的高和底面边的中点的平面的帮助(图 4.1).

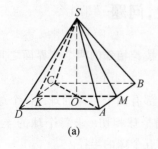
(a)

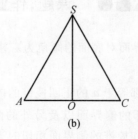
(b)

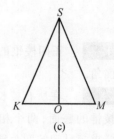
(c)

图 4.1

在圆柱或者圆锥的问题中考察轴截面是有益的(图 4.2).

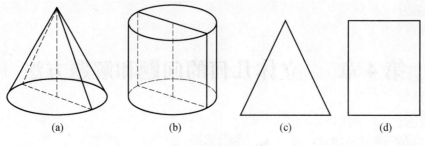

(a)   (b)   (c)   (d)

图 4.2

问题 1 正四棱锥的棱对底面平面的倾角为 α. 求这个棱锥底面上的二面角. 对正三棱锥解同样的问题.

解 我们考察正四棱锥 $SABCD$(图 4.1(a)). 设 SO 是这个棱锥的高, M 和 K 是 AB 和 CD 的中点. 我们考察两个截面 SAC(图 4.1(b)) 和 SKM(图 4.1(c)). 我们有

$$OC = \sqrt{2}\,OM, \angle SCO = \alpha$$

设 $\angle SMO = \varphi$, 则有

$$SO = OC\tan\alpha = \sqrt{2}\,OM\tan\alpha$$

另一方面, $SO = OM\tan\varphi$. 这样一来, 就有

$$\tan\varphi = \sqrt{2}\tan\alpha, \varphi = \arctan(\sqrt{2}\tan\alpha)$$

第二问的解法类似. 应当只考察不是棱锥的截面, 即是以棱锥的高为公共边的两个直角三角形. 这两个直角三角形之一的第二个直角边是底面外接圆的半径, 而另一个是内切圆的半径. 请独立解这个问题.

答 $\arctan(\sqrt{2}\tan\alpha)$. ▼

▲■● 课题, 作业, 问题

1. 正四棱锥的界面对底面的倾角为 α. 求棱锥相邻的两个侧界面之间的二面角.

2. 在所有棱长都等于 a 的正四棱锥的内部有四个一样的球. 每个球都与棱锥的底面、两个相邻的侧界面以及另外的两个球相切. 求每个球的半径. 同样求与已知的四个球和棱锥的侧界面相切的第五个球的半径.

3. 棱长为 a 的正四面体内部放有四个相等的球. 每个球与三个另外的

球和三个四面体的界面相切. 求这些球的半径.

4. 单位立方体的两条相对的棱在圆柱的两个底面上. 而其余的顶点在它的侧表面上. 立方体的一个界面同圆柱的底面形成角 $\alpha(\alpha < 90°)$. 求圆柱的高.

5. 圆锥的轴截面是单位正三角形. 求与圆锥的轴、它的底面以及侧表面相切的球的半径.

6. 正四棱锥底面的边长等于 a,在底面的二面角等于60°. 求与两个相邻的侧棱、相对的侧界面和底面都相切的球的半径.

4.2 投   影

还有一个将空间问题化归为平面问题的方法 —— 投影. 尤其是,这个方法存在于任何的立体几何问题中,它们的解伴随在约定情势下给出的画像,因为,作平面的图形,我们本质上利用的是投影的方法.

此方法说的是,将考察的空间对象投射在专门选择的平面上,结果产生的平面图形所带有的性质,允许只要简化了的解答. 最经常出现的是向垂直于某条直线的平面上的正交投影(这样投影的结果是直线变作点). 例如,如果立方体在垂直于它的对角线的平面上投影,那么我们将得到正六边形(图 4.3).

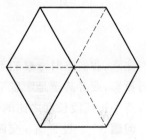

图 4.3

正如已知,在投影时保持位于一条直线上的或者彼此平行的线段之比.

问题 2 通过三棱锥 $ABCD$ 的棱 AB 和 CD 的中点的平面,分棱 AD 为 $3 : 1$(由顶点 A 算起). 这个平面分棱 BC 为怎样的比?

解 设 K 和 M 是已知棱锥的棱 AB 和 CD 的中点(图 4.4(a)). 通过 K 和 M 的平面,分别交 AD 和 BC 于点 P 和 Q. 将棱锥投影在垂直于直线 KM 的平面上(图 4.4(b)). 棱锥的投影将是平行四边形 $ACBD$(由此推得,在指出的投影下,AB 和 CD 的中点变作点 K 和 M,即投影是一个点,也就是重合). 直线 PQ(这条直线的投影)通过得到的平行四边形的中心. 这意味着,点 Q 分 CB 与点 P 分 AD 为同样的比,也就是 $BQ : CQ = 3 : 1$. ▼

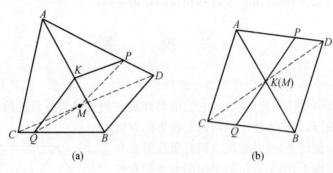

(a)   (b)

图 4.4

注意,我们有时考察的不仅仅是正交投影,还考察沿着直线向平面的任意的平行投影,或者甚至是顺着平面向直线投影. 正如我们已经说过的这些投影具有保持平行线段长度之比的性质.

问题 3[*] 设平面 α 交四面体 $ABCD$ 的棱 AB, BC, CD 和 DA 分别于点 K, L, M, N. 证明:成立等式 $\dfrac{AK}{KB} \cdot \dfrac{BL}{LC} \cdot \dfrac{CM}{MD} \cdot \dfrac{DN}{NA} = 1$.

证明 我们考察顺着平面 $KLMN$ 在任意直线 l 上的投影. 设在这个投影下,X 是点 K, L, M 和 N 的像;A' 是点 A 的像;B' 是点 B 的像;C' 和 D' 是点 C 和 D 的像(图 4.5). 则正如我们知道的,有

$$\frac{AK}{KB} \cdot \frac{BL}{LC} \cdot \frac{CM}{MD} \cdot \frac{DN}{NA}$$

$$= \frac{A'X}{XB'} \cdot \frac{B'X}{XC'} \cdot \frac{C'X}{XD'} \cdot \frac{D'X}{XA'} = 1 \text{ ▼}$$

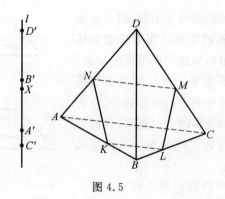

图 4.5

▲■●　课题，作业，问题

1.　单位立方体的两个相对的顶点落在圆柱底面的中心，而其余的顶点在它的侧表面上．求这个圆柱体的高和底面半径．

2.　在平行六面体 $ABCDA_1B_1C_1D_1$ 中引联结顶点 A 同棱 CC_1 中点的线段．这条线段被平面 BDA_1 分为怎样的比？

3.　棱柱 $ABCA_1B_1C_1$ 的顶点 A 和 B 位于圆柱的轴上，而其余的顶点在这个圆柱的侧表面上．求在这个棱柱中以 AB 为棱的二面角的量值．

4.　在平行六面体 $ABCDA_1B_1C_1D_1$ 中，在直线 AC 和 BA_1 上取点 K 和 M，使得直线 KM 平行于 DB_1．求 $KM:DB_1$．

4.3*　异面直线间的角和距离的求法

投影（正交）方法可以在解需要求异面直线之间的角和距离的问题时利用．

我们注意，异面直线之间的角等于平行于这两条异面直线的两条相交直线间的角．异面直线之间的距离等于这两条直线的公垂线段的长（设这条线段为 AB，它的点 A 在一条给出的异面直线上，而 B 在另一条上，并且它与两条异面直线垂直）．

我们证明，这样的线段存在．我们考察两条异面直线 l_1 和 l_2（图 4.6）．我们通过它们的每一条作平行于另一条直线的平面，且每条直线在相对的平面投影，得到直线 l_1' 和 l_2'．如果 M 是 l_1 和 l_2' 的交点，而 K 是 l_1' 和 l_2 的交点，那么线段 KM 垂直于所作的两个平面，因此它垂直于直线 l_1 和 l_2 的每一条．在直线 l_1 和 l_2

上另外任意两个点的距离大于 KM,因为这条线段等于两张平面间的距离. 利用投影方法为了解本节开始指出的问题根据下面的结论.

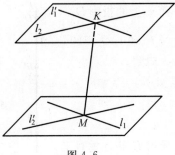

异面直线间的距离等于由已知异面直线的一条在垂直于它的平面上的投影,到另一直线也在这个平面上的投影的点的距离. 异面直线的第二条和它的投影之间的角与异面直线之间的角之和为 $90°$.

图 4.6

这个结论的另外的简述更为详尽. 设 l_1 和 l_2 是两条异面直线(图 4.7);L 是垂直于它们中的一条,例如,l_1 的平面;点 A 是 l_1 在平面 L 上的投影,直线 l'_2 是直线 l_2 在平面 L 上的投影. 结论是说,l_1 和 l_2 之间的距离等于点 A 到直线 l'_2 的距离. 此时直线 l_1 和 l_2 之间的公垂线投影在由点 A 对直线 l'_2 引出的垂线上.

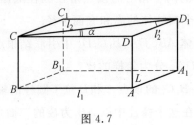

图 4.7

我们考察的结论足够显然. 设 BC 是直线 l_1 和 l_2 之间的公垂线,AD 是它在平面 L 上的投影,D_1 是直线 l_2 同平面 L 的交点. 因为 BC 是直线 l_1 和 l_2 之间的公垂线,所以 BC 在 L 的投影同样是垂直于 l_1 和 l_2 的线段 AD. 根据三垂线定理 $AD \perp l'_2$. 我们考察长方体 $ABCDA_1B_1C_1D_1$(参见图 4.7). 在这个图中 AB 是直线 l_1,CD_1 是直线 l_2,DD_1 是直线 l'_2. 由显然的等式 $AD = BC$ 证明,异面直线 l_1 和 l_2 之间的距离等于由点 A 到直线 l'_2 的距离,也就是确认了给出论断的第一句,涉及的是异面直线之间的距离.

注释 正如已知,当投影时保持位于一条直线上的线段之比. 所以如果我们在直线 l_2 上取包含点 C 的任意线段,那么投影以后它变作在直线 l'_2 上包含点 D 的线段. 在此时点 C 和 D 分对应的线段为同样的比.

命题的第二部分说的是异面直线之间的角. 我们考察图 4.7,直线 CD 平行于 l_1,所以 $\angle DCD_1$ 等于已知的异面直线之间的角,而 $\angle DD_1C$ 与它相加等于 $90°$. 因此,如果在直线 l_2 上取任意长为 d 的线段,例如 P_1C,和通过 d' 标记它在

平面 L 上的投影 D_1D 的长,那么由考察的 $\triangle CDD_1$,我们有 $\sin \alpha = \dfrac{d'}{d}$,其中 α 是直线 l_1 和 l_2 之间的角. ▼

问题 4　求棱为 1 的立方体的两个相邻界面的异面对角线之间的角和距离. 由这些对角线的每一条被它们的公垂线分为怎样的比?

解　我们考察立方体 $ABCDA_1B_1C_1D_1$.

1. 我们求对角线 A_1B 和 B_1C 之间的距离(图 4.8(a)). 我们所投影的立方体在通过点 B 且垂直于 A_1B 的平面上(图 4.8(b) 中,立方体顶点的投影同样标记为立方体本身,但字母加撇). 问题归结为由点 B' 到直线 $B_1'C'$ 的距离. 因为平面 AB_1C_1D 垂直于直线 A_1B,那么长方形 $A'B_1'C_1'D'$ 等于长方形 AB_1C_1D. 但 B' 是线段 $A'B_1'$ 的中点,因此,在 $\mathrm{Rt}\triangle B'B_1'C'$ 中,直角边 $B'B_1'$ 和 $B'C'$ 分别等于 $\dfrac{\sqrt{2}}{2}$ 和 1;$B_1'C' = \sqrt{\dfrac{3}{2}}$. 设 $B'M$ 是斜边 $B_1'C'$ 上的高(由上面得出,$B'M$ 就是所求的距离),则我们有

$$B'M = \frac{B'B_1' \cdot B'C'}{B_1'C'} = \frac{1}{\sqrt{3}}$$

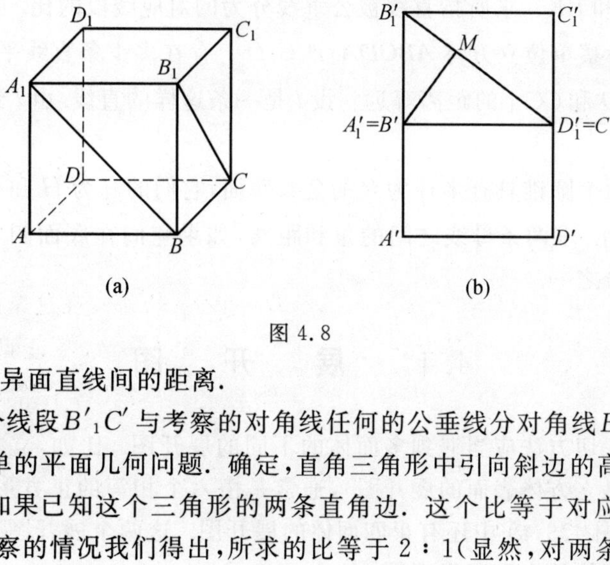

(a)　　　　　　　　(b)

图 4.8

即我们求得了异面直线间的距离.

2. 点 M 分线段 $B_1'C'$ 与考察的对角线任何的公垂线分对角线 B_1C 为同样的比. 我们有简单的平面几何问题. 确定,直角三角形中引向斜边的高线足分斜边为怎样的比,如果已知这个三角形的两条直角边. 这个比等于对应直角边的平方之比. 在考察的情况我们得出,所求的比等于 2∶1(显然,对两条对角线是同一个比).

3. 我们求角. 有 $B_1C = \sqrt{2}$,$B_1'C' = \sqrt{\dfrac{3}{2}}$. 如果 α 是所求的角,那么 $\sin \alpha =$

$\dfrac{B'_1C'}{B_1C} = \dfrac{\sqrt{3}}{2}$，则 $\alpha = 60°$. ▼

注释 在给出的情况可以看出解. 例如，我们考察正 $\triangle A_1BD$. 因 $A_1D \parallel B_1C$，所以考察的对角线之间的角，即 $\angle BA_1D = 60°$.

另外可以解问题的另外各款. 所建议的方法在本节开始时对解类似问题的一般见解中已做例题简述.

▲■● **课题，作业，问题**

1. 已知单位立方体 $ABCDA_1B_1C_1D_1$. 点 M 是 BB_1 的中点. 求下列直线之间的角和距离：(1)AB_1 和 D_1B；(2)AB_1 和 CM；(3)A_1B 和 CM；(4)AB_1 和 DM；(5)AC_1 和 DM. 在每种情况指出，所指直线的公垂线分对应的线段为怎样的比？

2. 在棱长为 1 的正四面体 $ABCD$ 中，点 M 是 AB 的中点，N 是 BC 的中点，K 是 CD 的中点. 求下列直线之间的角和距离：(1)AD 和 CM；(2)CM 和 DN；(3)CM 和 BK. 求所指直线被公垂线分为的对应线段的比.

3. 考察单位立方体 $ABCDA_1B_1C_1D_1$. 存在多少条直线平行于 AC 且与直线 A_1B，AD 和 CC'_1 的距离等远？设 l 是一条这样的直线. 由 l 到 A_1B 的距离能等于什么？

4. 两个圆锥具有半径为 R 的公共底面，它们的高为 H 和 h，而顶点位于底面的不同侧. 求两条母线之间的角和距离，如果它们在底面圆上的端点限界为圆周的四分之一.

4.4* 展 开 图

当然用一切方法应当遇到多面体的不同的展开图. 比如，立方体的展开图（确切地说，是立方体表面的展开图），通常是由六个相等的正方形所组成的（图 4.9(a)）. 在图 4.9(a) 中还有正四面体的展开图. 这两个展开图是由沿着它们的棱剪开多面体的表面所得到的.

在图 4.9(b) 中引进的立方体和正四面体的展开图，不仅是沿着棱剪开它们的表面得到的.

到底什么是多面体的展开图？能够这样说吗，某个多面体的展开图是平面

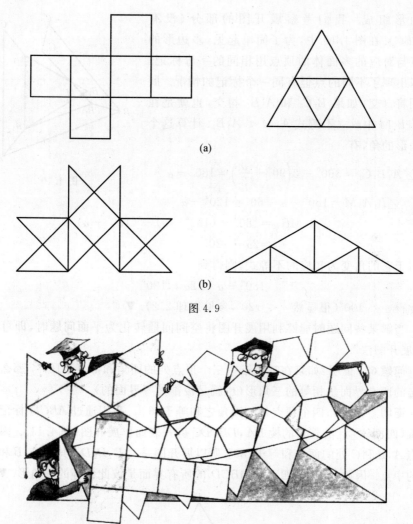

(a)

(b)

图 4.9

的多边形,它可以是这个多面体的表面没有重叠的加在一起的.我们解下面的问题.

问题 5　设 $ABCD$ 是底面为 ABC 且在对底面的顶点的面角等于 α 的正三棱锥.平行于 ABC 的平面分别与棱 AD,BD 和 CD 交于点 A_1,B_1 和 C_1.多面体 $ABCA_1B_1C_1$(这个多面体叫作截头棱锥)沿着五条棱:A_1B_1,B_1C_1,C_1C,CA 和 AB 剪开.此后将这个表面展开成平面.当 α 为何值时,所得到的展开图必将盖住自身?

解　得到的多面体的表面由三个大底角等于 $90°-\dfrac{\alpha}{2}$ 的等腰梯形和两个正

三角形组成. 我们考察展开图的部分（没有 $\triangle ABC$). 在图 4.10 中，为了简单起见，多边形的顶点与对应的多面体的顶点用相同的字母标记. 所以出现了不同的点但有同一个标记的情况. 展开图将自交，如果 $B_1 C_1$ 和 $A_1 B_1$ 相交，也就是在 $\triangle A_1 B_1 M$ 中成立不等式 $A_1 M < A_1 B_1$. 计算这个三角形的角，有

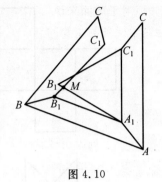

$$\angle A_1 B_1 C_1 = 360° - 2\left(90° + \frac{\alpha}{2}\right) = 180° - \alpha$$

$$\angle B_1 A_1 M = 180° - \alpha - 60° = 120° - \alpha$$

$$\angle A_1 M B_1 = 180° - (180° - \alpha) - (120° - \alpha)$$
$$= 2\alpha - 120°$$

图 4.10

将对于它的角变为相应的不等式，则得到

$$180° - \alpha < 2\alpha - 120°$$

由此得 $\alpha > 100°$(很显然 $\alpha < 120°$，参见定理 2.2). ▼

当解某些问题时能够利用展开图将空间问题转化为平面问题时，即可以说是"展开图法".

问题 6 证明：如果在三棱锥中三个顶点处的面角和都等于180°，那么这个棱锥的所有界面是相等的三角形(也就是棱锥是等界面的).

证明 显然，四个顶点处的面角之和等于180°. 我们通过 $ABCD$ 标记已知棱锥(四面体)且沿着它的棱 DA,DB,DC 剪开表面作展开图(图 4.11). 因为在顶点 A,B 和 C 处的面角和等于180°，所以展开图是 $\triangle D_1 D_2 D_3$，其中 A,B 和 C 是棱的中点. 因此，实际上四面体 $ABCD$ 的所有界面是彼此相等的三角形. ▼

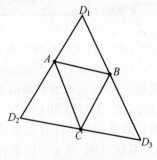

图 4.11

我们提醒，不只是多面体有展开图，圆柱和圆锥的侧表面也可以展开在平面

上.但对于球面来说,甚至极小的一片也不能展开在平面上,此时含有一个地图绘制学碰到的主要问题.

▲■●　课题,作业,问题

1. 画出自己感兴趣的正四面体和立方体的展开图.

2. 画出正四棱锥的某些不同的展开图.

3. 证明:正方形可以是某个三棱锥的展开图.

4. 有个边长为 $2\sqrt{3}$ 和 $\frac{1}{2}$ 的长方形.求由它装配成正的单位四面体的表面.

5. 证明:如果四面体任意两个相对的棱相等且在两个顶点处面角和等于180°,那么它的所有界面是相等的三角形.

4.5* 　沿立体表面的最短路径

展开图法当解需要求沿多面体、圆柱或圆锥表面的两个点之间的最短路径时是很方便的. 在多面体的情况我们考察一串界面,这条道路横贯通过它们,且依次"分别放置"在平面上.

我们考察下面的问题.

问题 7 已知长方体 $ABCDA_1B_1C_1D_1$,其中 $AB = AA_1 = 12, AD = 30$. 点 M 在界面 ABB_1A_1 上与 AB 中点的距离为 1 且与 A 和 B 的距离相等. 点 N 属于界面 DCC_1D_1 且与 M 关于长方体的中心对称. 求沿着长方体的表面点 M 和 N 之间的最短路径的长.

解 我们考察下列情况.

1. 设穿过棱 A_1B_1 和 D_1C_1(或者 AB 和 DC,图 4.12(a)). 最短路径的长在这种情况容易求得. 它等于

$$11 + 30 + 1 = 42$$

2. 设依次穿过棱 BB_1, B_1C_1, C_1D_1,作展开图(图 4.12(b)). 为了简单起见,我们标记在展开图的点与长方体的相同. 根据毕达哥拉斯定理,有

$$MN = \sqrt{MK^2 + NK^2} = \sqrt{37^2 + 17^2} = \sqrt{1\,658}$$

3. 设依次穿过棱 AB, BC, B_1C_1, C_1D_1,作展开图(图 4.12(c)). 在这种情

况,最短路径的长等于

$$MN = \sqrt{MK^2 + NK^2} = \sqrt{24^2 + 32^2} = 40$$

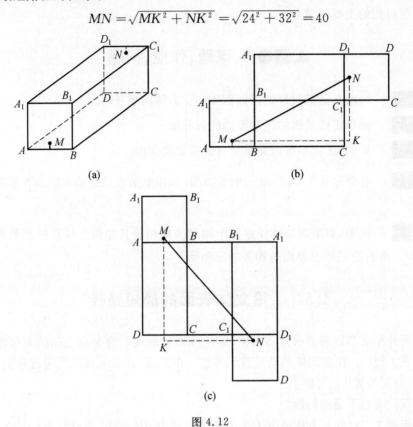

图 4.12

也就是说最短路径的长等于 40. 另外的预案,除了显然不好的,没有其他的.

▲■● 课题,作业,问题

1. 求沿着单位正四面体的表面它的对棱中点间的最短路径的长.

2. 求沿着单位立方体的表面,它的相对顶点之间的最短路径的长. 同样求由任意棱的中点到这个立方体表面上与它最远的点的距离.

3. 在正四棱锥中,侧棱长等于 b,而在顶点处的面角等于 α. 求沿着棱锥表面的最短封闭路径的长,它开始和终止在底面的顶点且与棱锥的所有侧棱相交.

4. 圆锥的底面半径等于 $\frac{2}{3}$，而母线长等于 2. 求与圆锥所有母线相交且通过一条母线属于底面的端点的（最短）封闭路径的长.

5. 圆柱体底面半径等于 r，高为 h. 求沿着圆柱体侧表面不同底面上的直径的相对顶点之间的最短路径的长.

6. 在边长为 a 和 b 的长方形的顶点 A 有蜘蛛网，而在相对顶点有一只苍蝇. 它们被底边是 BD 且在顶点 M 的角等于 α 的形状为等腰 $\triangle BDM$ 的上下直立的墙所分隔. 求由蜘蛛到苍蝇最短路径的长（蜘蛛能够只沿着长方形平面的边运动，其中墙的位置包含沿着墙本身的边界）.

4.6* 添加四面体到平行六面体

任意四面体（三棱锥）可以用不同的方法添加到平行六面体. 表述"添加到平行六面体"意味着，由给出的四面体出发我们得到平行六面体，它的四个顶点是这个四面体的顶点. 例如，由四面体 $ABCD$（图 4.13(a)）能用下面的方式得到平行六面体. 我们添加 $\triangle ABC$ 到平行四边形 $ABCE$，然后得到平行六面体 $ABCEA_1B_1C_1E_1$.

当解某些问题时显现出有益的另外的添加方法：通过四面体的每条棱作与对棱平行的平面，得到三对分别平行的平面限界的平行六面体. 原来四面体的棱是得到的平行六面体的界面的对角线（图 4.13(b)）. 当条件中出现某些对四面体的对棱时，经常利用这个方法.

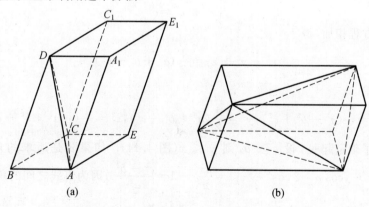

图 4.13

有益的提醒,如果在四面体中的对棱两两相等,那么这样的四面体叫作等界面四面体,因为它的所有界面是彼此相等的三角形,所以在指出的添加下得出的是长方体(想想为什么).

我们解下面的例题.

问题8 三棱锥的两条对棱等于 a,另外两条的对棱等于 b,剩下的两条棱等于 c. 求长为 a 的棱之间的角的余弦.

解 通过每条棱作与对棱平行的平面,添加已知的四面体(三棱锥)到平行六面体. 我们得到长方体 $ABCDA_1B_1C_1D_1$(图 4.14). 设在原来的四面体 ACB_1D_1 中成立下列等式:$AC=B_1D_1=a$,$AD_1=B_1C=b$,$AB_1=D_1C=c$. 所求的角等于长方形 $ABCD$ 两对角线之间的角. 设 $AB=x$,$AD=y$,$AA_1=z$,则得到方程组

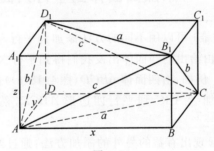

图 4.14

$$\begin{cases} x^2+y^2=a^2 \\ y^2+z^2=b^2 \\ z^2+x^2=c^2 \end{cases}$$

将这些方程相加,得

$$x^2+y^2+z^2=\frac{1}{2}(a^2+b^2+c^2)$$

然后求得

$$x^2=\frac{1}{2}(a^2-b^2+c^2),y^2=\frac{1}{2}(a^2+b^2-c^2),z^2=\frac{1}{2}(-a^2+b^2+c^2)$$

为了确定起见,设 $c\geqslant b$,则 $y\leqslant x$(图 4.14). 如果 α 是所求的角,那么 $\cos\dfrac{\alpha}{2}=\dfrac{x}{a}$,$\cos\alpha=2\cos^2\dfrac{\alpha}{2}-1=\dfrac{2x^2}{a^2}-1=\dfrac{c^2-b^2}{a^2}$. 因为直线之间的角总是锐角(根据定义),当 $c\leqslant b$ 时,我们取 $\cos\dfrac{\alpha}{2}=\dfrac{y}{a}$. 结果得到答案 $\dfrac{|c^2-b^2|}{a^2}$. ▼

▲■●   课题，作业，问题

四面体的对棱等于 a 和 a，b 和 b，c 和 c. 求外接球面和内切球面的半径. 证明：它们的中心重合.

4.7   圆形体的相切

在所有空间的立体中对球体的画像是最不方便的. 正如所见，球体，还有更多的某些个球，是不画像的. 而只指出它的中心（或者各个球的中心）、在切点的半径，等等. 我们考察下面的问题.

问题 9   四个半径为 R 的球面两两彼此相切. 求与全部这些球相切的球面的半径.

解   给出的四个球的中心是棱为 $2R$ 的正四面体的顶点（图 4.15）. 因为给出的球彼此两两相切，所求的球面与它们全以相同的方式相切，即外切或者内切. 任何另外的相切是不可能的. 由此得出，所求的球面的中心位于四面体的中心. 棱长为 a 的正四面体的外接球面的半径等于 $\frac{\sqrt{6}}{4}a$（参见节 3.4 问题 1）. 此时所求的半径等于 $\frac{\sqrt{6}}{2}R$.

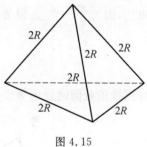

图 4.15

如果所求的球面切已知的球面为外切的形式，那么它的半径等于 $\frac{\sqrt{6}}{2}R - R$.

在内切的情况（所求的球面包含给出的球面），它的半径等于 $\frac{\sqrt{6}}{2}R + R$. ▼

在解关于圆形体相切的问题时经常利用在本章介绍的方法：作辅助截面，投影. 例如，我们解下面的问题.

问题 10   圆锥和圆柱具有相等的底面和相等的高. 它们的底面属于一个平面且彼此相切. 两个相等的球，其半径等于圆锥（或圆柱）底面的半径，与圆锥和圆柱的侧表面，以及包含圆柱的另一个底面和圆锥顶点的平面，彼此相切. 求圆锥轴截面的顶角.

解   我们考察通过圆柱的上底和圆锥顶点的平面.

设 A 和 B 是属于这个平面上的圆柱和圆锥的轴的端点；C 和 D 是球与这个平面的切点(图 4.16(a))；r 是球的半径，也是圆锥和圆柱底面的半径. 由圆锥与圆柱的底面彼此相切，得出等式 $AB = 2r$. 因为球彼此相切，所以 $CD = 2r$. 又由条件球与圆柱的侧面相切得出等式 $CA = DA = 2r$. 再有，因为 $DA = BA = CA = 2r$，$\angle DAB = \angle BAC = 30°$，所以，我们得出

$$DB = BC = 4r\sin 15° = 4r(45° - 30°) = r(\sqrt{6} - \sqrt{2})$$

考察通过圆锥的轴和点 C 的平面(图 4.16(b)). 设 O 是球的中心，α 是圆锥轴截面顶角的一半. 由条件球同圆锥的侧表面相切，从而得出

$$\angle CBO = \frac{1}{2}\left(\frac{\pi}{2} - \alpha\right)$$

即

$$\tan\left(\frac{\pi}{4} - \frac{\alpha}{2}\right) = \frac{OC}{BC} = \frac{1}{\sqrt{6} - \sqrt{2}} = \frac{\sqrt{6} + \sqrt{2}}{4}$$

由此，因为 $\frac{\pi}{4} - \frac{\alpha}{2}$ 是锐角，所以我们得出

$$\frac{\pi}{4} - \frac{\alpha}{2} = \arctan\frac{\sqrt{6} + \sqrt{2}}{4}$$

即圆锥轴截面的顶角等于 $\frac{\pi}{2} - 2\arctan\frac{\sqrt{6} + \sqrt{2}}{4}$. ▼

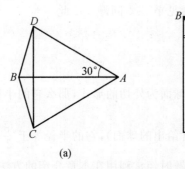

(a)　　　　　(b)

图 4.16

▲■●　课题，作业，问题

1.　三个半径为 R 的球两两彼此相切且与某个平面相切. 求与三个已知球及这个平面相切的球的半径.

2.　彼此相切的两个球和量值为 α 的二面角的两个界面相切．第一个球与一个界面切于点 A，而第二个球与另一个界面切于点 B．线段 AB 的怎样的部分处在球外？

3.　三个相等的圆锥的底面在一个平面上且两两彼此相切．每个圆锥的轴截面是边长为 a 的正三角形．求与每个圆锥的侧表面和它底面所在平面相切的球的半径．

4.　求内接在单位立方体中的圆柱的轴截面的面积，圆柱的轴在立方体的对角线上，而每个底面切立方体的三个界面于它的中心．

5.　四个半径为 $r(r<1)$ 的球的中心在一个直角边等于 2 的等腰直角三角形的顶点和它的斜边中点上．求与这四个球相切的球的半径．对每个 r 存在多少个这样的球？

6.　通过半径为 R 的球面的中心作平面．三个相等的球与球面及所作的平面相切且彼此相切．求这些球的半径．

7.　两个半径相等的球和两个另外的球这样放置，使得每个球与另外的三个球及一张平面相切．求大球对最小球的半径之比．

8.　半径为 R 的球与某个平面相切．欲同时放置半径为 R 的球，它们不相交，且与已知球和平面都相切．这样的球最多能放置多少个？求 R 值为最大的球，使其能够同时不相交地和已知球及平面相切？

9.　四个相等的圆锥这样放置，使得它们全部具有公共的顶点且每个与另外三个相切．每个圆锥的轴截面的角等于什么？

10.　能够在空间放置 13 个相等的球，使得它们不相交且它们中的 12 个与 1 个球相切吗？

11 年级

第5章 多面体的体积

5.1 什么是体积?

界定平面图形特征的一个重要的数是它的面积. 界定体积的量的特征是它的体积. 体积的概念, 为了计算体积的某些公式你们已经不只在课堂上按照不同的物体本身, 而且在日常的生活中应当遇到过. 在某种意义下, 体积的概念比起面积的概念是初级的, 而且是更加自然的. 特别地, 从实际的观点不难建议方便的个别立体本身测量立体体积的方法, 例如, 测量这个立体排出水的量. 同时, 正如实际测量某个复杂曲线界定的图形的面积, 或者求在弯曲的表面上图形的面积, 不是这样简单. 不但如此, 某些测量类似面积的实际方法, 本质上是测量体积的方法. 例如, 知道了在立体表面涂抹覆盖的油漆的体积, 立体表面的面积就能够估值.

体积的数学理论的建立类似于平面图形面积的理论. 我们将作出已知的模式, 但此时为了简单和方便起见在开始我们将只考察多面体, 尽管叙述的体积的更多的性质联系着一般形式的立体.

定义 24

每个立体能够建立对应的正数, 它叫作这个立体的体积. 此时下列条件成立.

1.相等的立体的体积相等.

2.如果立体被分作两个部分,那么它的体积等于被分作的两个部分的体积之和(体积的可加性).

3.如果给定长度单位,那么棱长等于这个单位的立方体的体积,等于 1 立方单位(1 单位^3).

例如,棱长为 1 cm 的立方体的体积等于 1 立方厘米(1 cm^3).

推论

由性质 1～3 直接推得,棱等于 $\frac{1}{n}$ 单位的立方体的体积,等于 $\frac{1}{n^3}$ 立方单位(单位^3),其中 n 是自然数.

实际上,分单位立方体的每条棱为 n 等份且通过分点作平行于它的界面的平面(图 5.1).体积为 1 的立方体呈现被分为 n^3 个相等的小立方体. 根据性质 1～3,它们每一个的体积等于 $\frac{1}{n^3}$(单位).

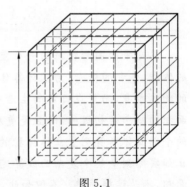

图 5.1

注解　今后我们将不总是指出体积单位,而简单地写为:体积等于 V,体积等于 3,等等.

5.2　长方体的体积

定理 5.1(长方体的体积公式)

长方体的体积可以根据公式

$$V = abc \tag{1}$$

求得,其中 a,b 和 c 是这个长方体由一个顶点引出的三条棱的长.

比较公式(1)与长方形面积的公式.

证明　这个定理的证明我们分为几个阶段.

1. 我们开始对于长方体的所有棱长都是有理数的情况证明公式(1). 对这些数通分求公分母. 设 $a = \dfrac{m}{n}, b = \dfrac{k}{n}, c = \dfrac{p}{n}$. 分已知长方体的棱分别为 m, k, p 等份且通过分点作平行于长方体界面的平面(图 5.2),这些平面分长方体为 mkp 个棱长为 $\dfrac{1}{n}$ 的相等的小立方体. 正如我们知道的(参见体积性质的推论),每个小立方体的体积等于 $\dfrac{1}{n^3}$. 由性质 1 和 2 得出,长方体的体积等于 $V = mkp \cdot \dfrac{1}{n^3} = abc$(单位^3). 这样一来,对这种情况公式(1)得证.

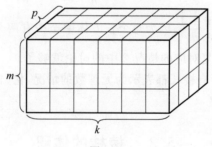

图 5.2

2. 设长方体的两个棱长是有理数. 我们假设 a 和 b 是有理数. 我们取任意自然数 n 和确定的自然数 p,使得 $\dfrac{p}{n} \leqslant c < \dfrac{p+1}{n}$. 我们考察棱为 $a, b, \dfrac{p}{n}$ 和 $a, b, \dfrac{p+1}{n}$ 的两个长方体. 这两个长方体的体积(情况 1)等于 $ab\dfrac{p}{n}$ 和 $ab\dfrac{p+1}{n}$. 如果 V 是被考察的长方体的体积,那么由体积的性质,得出

$$\frac{abp}{n} \leqslant V < \frac{ab(p+1)}{n}$$

或者

$$\frac{abp}{n} - abc \leqslant V - abc < \frac{ab(p+1)}{n} - abc$$

$$ab\left(\frac{p}{n} - c\right) \leqslant V - abc < ab\left(\frac{p+1}{n} - c\right) \tag{$*$}$$

但由不等式 $\frac{p}{n} \leqslant c < \frac{p+1}{n}$ 得出，$p \leqslant nc$，$p > nc-1$. 在不等式($*$)的左边用小的量 $nc-1$，在右边用大的量 nc 来代换 p，则得到

$$-\frac{ab}{n} \leqslant V-abc < \frac{ab}{n}$$

或者

$$|V-abc| \leqslant \frac{ab}{n}$$

最后的不等式对所有自然数 n 都是对的，只在当 $V=abc$ 的这种情况成立.

3. 设被考察的长方体的一个棱长是有理数. 我们设这个棱长为 a. 正如在情况 2 中一样，我们取任意的自然数 n 和确定的自然数 p，使得 $\frac{p}{n} \leqslant c < \frac{p+1}{n}$.

还像情况 2 那样，我们考察棱为 $a, b, \frac{p}{n}$ 和 $a, b, \frac{p+1}{n}$ 的两个长方体. 它们的体积等于 $ab\frac{p}{n}$ 和 $ab\frac{p+1}{n}$，因为每个长方体中至少有两个棱长表示为有理数. 进一步的讨论只需重复对应的情况 2 中的讨论就够了.

4. 当长方体的所有棱长都表示为无理数的情况，化归为情况 3，正像情况 3 化归为情况 2 那样. ▼

5.3　棱柱的体积

定理 5.2(棱柱体积的基本公式)

对于任意棱柱的体积，公式

$$V=Sh \tag{2}$$

是正确的，其中 S 是棱柱底面的面积，h 是它的高(两个底面之间的距离).

证明　我们先对于四棱柱为平行六面体的情况证明公式(2).

我们考察平行六面体 $ABCDA_1B_1C_1D_1$. 我们作垂直于直线 AB，且彼此之间的距离等于 AB 之长的两张平面. 设这两张平面同已知的平行六面体不相交. 我们考察平行六面体 $A'B'C'D'A_1'B_1'C_1'D_1'$，它的顶点是这两张平面同直线 AB，CD, A_1B_1, C_1D_1 的交点(图 5.3). 平行六面体 $ABCDA_1B_1C_1D_1$ 和 $A'B'C'D'A_1'B_1'C_1'D_1'$ 具有相等的体积.

这由下面推得，第二个平行六面体的体积可以由第一个的体积得出，如果添加多面体 $BCC_1B_1B'C'C_1'B'$ 的体积，而后减掉多面体 $ADD_1A_1A'D'D_1'A_1'$ 的体

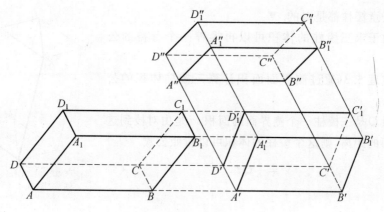

图 5.3

积. 但是这些多面体相等. 于是我们证明了,平行六面体 $ABCDA_1B_1C_1D_1$ 和 $A'B'C'D'A'_1B'_1C'_1D'_1$ 的 体 积 相 等. 此 时, 在 平 行 六 面 体 $A'B'C'D'A'_1B'_1C'_1D'_1$ 的所有界面中,可能除 $A'D'D'_1A'_1$ 和 $B'C'C'_1B'_1$ 之外,都是长方形.

同样地,作垂直于直线 $A'D'$ 且彼此之间的距离为 $A'D'$ 的两张平面. 我们作出平行六面体 $A''B''C''D''A''_1B''_1C''_1D''_1$(见图 5.3). 这个六面体是长方体;它的体积等于原来的平行六面体 $ABCDA_1B_1C_1D_1$ 的体积;长方形 $A''B''C''D''$ 的面积等于平行四边形 $ABCD$ 的面积;$A''B''C''D''$ 和 $A''_1B''_1C''_1D''_1$ 之间的距离等于原来平行六面体的界面 $ABCD$ 和 $A_1B_1C_1D_1$ 之间的距离. 就是说,如果 S 是 $ABCD$ 的面积,h 是在原来平行六面体中这个界面上的高,那么它的体积,等于长方体 $A''B''C''D''A''_1B''_1C''_1D''_1$ 的体积,等于 Sh.

我们发现,利用同样的方法对于证明平行四边形面积的公式也是方便的,延长它的边且引直线垂直于它,其等于对应边的距离. 我们得到的长方形和边等于 a 和 h,与平行四边形具有相同的面积,由此平行四边形的面积等于 $a \cdot h$(h 是高).

我们现在证明公式(2)对于三棱柱的正确性.

我们考察三棱柱 $KLMK_1L_1M_1$ 和添加它做成的平行六面体 $KLMNK_1L_1M_1N_1$(图 5.4). 显然,原来棱柱的体积是得到的平行六面体体积的一半(添加到平行六面体的第二个棱柱,与原来的棱柱关于平行六面体的中心对称,而这意味着,这两个棱柱的体积相等),又它的底面 KLM 的面积等于平行四边形 $KLMN$ 面积的一半. 由此推得公式(2)对于三棱柱的正确性. 又因为任意棱柱能够分解为三棱柱,首先分它的底面为三角形,所以,这意味着,公式(2)

对于任意棱柱都是对的. ▼

对于求三棱柱的体积可以再推荐一个有益的公式.

定理 5.3(通过侧界面面积计算三棱柱体积的公式)

设 Q 是三棱柱一个侧界面的面积,d 是由对棱到这个界面的距离,则这个棱柱的体积可以按照公式

$$V = \frac{1}{2}Qd \qquad\qquad (3)$$

求得.

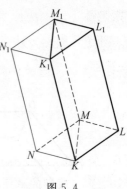

图 5.4

证明 利用图 5.4. 正如我们知道的,平行六面体 $KLMNK_1L_1M_1N_1$ 的体积是棱柱 $KLMK_1L_1M_1$ 体积的 2 倍. 设界面 KLL_1K_1 的面积等于 Q,而由 MM_1 到它的距离等于 d. 我们求平行六面体的体积,取界面 KLL_1K_1 为底面. 我们得到,它等于 Qd. 棱柱的体积等于这个平行六面体的一半,也就是 $\frac{1}{2}Qd$. ▼

▲■● 课题,作业,问题

1(B). 设 P,Q 和 L 是长方体三个界面的面积. 求该长方体的体积.

2(B). 长方体的对角线长等于 d 且同它的两条棱形成 $60°$ 和 $45°$ 的角. 求长方体的体积.

3. 长方体的对角线长等于 d 且同它的两个界面形成的角为 α 和 β. 求长方体的体积.

4(B). 　长方体界面的对角线等于 $\sqrt{3}$，$\sqrt{5}$ 和 2. 求该长方体的体积.

5. 　求所有棱长都等于 1 的正三棱柱的体积.

6. 　某些个单位立方体依次在空间排列,使得从第二个开始,每个小立方体同前一个有共同的界面. 小正方体没有交叉且形成多面体. 如果当顺次联结小立方体的中心得到的折线长等于 101,求所形成的多面体的体积.

7. 　由平行六面体的三个顶点到所对界面的距离等于 2,3 和 4. 它的所有界面(全表面)的面积之和等于 36. 求这个平行六面体界面的面积.

8. 　棱锥的高等于 3,而底面面积等于 9. 求棱柱的体积,它的一个底面属于棱锥的底面,而相对的底面是与棱锥顶点距离等于 1 的棱锥的截面. 求这样的棱柱最大可能的体积(由"上"底面到棱锥顶点的距离是变化的).

9. 　求平行六面体的体积,它的两个界面是边长为 1 且锐角为 60°的菱形,而剩下的界面是正方形.

10(Ⅱ). 　在边长为 1 的等边 $\triangle ABC$ 的顶点 A,B 和 C 处对平面 ABC 引垂线且在平面 ABC 同一侧的垂线上取点 A_1,B_1 和 C_1,使得 $AA_1 = 4$,$BB_1 = 5$,$CC_1 = 6$. 求多面体 $ABCA_1B_1C_1$ 的体积.

11(Ⅱ). 　在单位正方形的各顶点向它所在的平面作垂线且在正方形的平面同一侧的垂线上取点与它的平面(环绕的次序)距离为 3,4,6,5. 求以指出的点和正方形的顶点为顶点的多面体的体积.

12. 　求长方体的体积,它的对角线截面的面积等于 $\sqrt{13}$,$2\sqrt{10}$,$3\sqrt{5}$.

13. 　立方体的构架是由 12 根截面边长为 1 的正方形的长方体木条制作而成. 立方体的棱长等于 8. 求构架的体积.

14. 　在棱长等于 10 的立方体内部,考察下列点的集合:

(1) 它的点恰与立方体的三个界面的距离不超过 1;

(2) 它的点恰与立方体的两个界面的距离不超过 1;

(3) 它的点恰与立方体的一个界面的距离不超过 1.

求由指出的点组成的立体的体积.

15(T). 　求平行六面体的体积,它的所有界面都是边长为 1 且锐角为 60°的菱形.

16(T). 　在单位正四面体的棱上取点,分这条棱为 1∶2.通过这个点作两张平面,平行于四面体的两个界面,由四面体截去两个棱锥,求剩下部分的体积.

17(Ⅱ).　证明:与正 $2n$ 棱柱侧表面相交,但不同它的底面相交的平面分棱柱的轴,它的侧表面和体积为同样一个比.

5.4　相似性原理

在空间,正如在平面上,每个图形或立体给出图形或立体彼此相似的族(说的是欧几里得空间和欧几里得平面).存在相似性是我们学习的几何学所特有的特征.

然而,尽管相似性可推广到任何空间的形式,但我们先界限在定义多面体的相似性.

定义 25

两个多面体叫作相似的,如果它的所有界面是彼此相似的,关于相互的多边形排列一致,而对应的二面角相等.

任意立体的相似性正如在平面上任意图形的相似性来同样定义.对于多面体基本的是下面显然的结论.

平行于棱锥底面的平面由棱锥截出一个与它相似的棱锥.

像在平面上那样,空间两个彼此相似的立体的联系也表达为相似系数.

对于两个相似的多面体任意两个对应棱的比是常数且等于相似系数.

我们知道,两个彼此相似的图形的面积之比等于相似系数的平方.对于两个相似的多面体体积的比下面的命题是正确的.

对于体积的相似性原理

两个相似的多面体体积的比等于相似系数的立方.

对于两个彼此相似的平行六面体或者棱柱,原理的正确性,由我们得到它们的体积公式直接推得.对于任意多面体证明相似形原理,不很复杂,尽管工作量巨大(我们取两个彼此相似的多面体且由它们中的一个整个地充满越来越小的平行六面体,增加这样的平行六面体的数目,使它们的总体积趋近于填充它的多面体的体积.现在取相似的多面体和开始它填充的对应的相似平行六面体,等等.在这个讨论中最复杂的是谨慎的书写,极限过程是怎样的形式).相似性原理对任何立体都是对的.

▲■●　课题,作业,问题

1(B).　在棱锥的侧棱上取两个点分该棱为三个相等的部分.通过它们作平

行于底面的平面. 如果整个棱锥的体积等于 1,求夹在这两个平面之间的棱锥部分的体积.

2(Ⅱ). 半径为 1 的球的中心位于量数为 α 的二面角的棱上. 如果一个球的体积等于已知球处于二面角内部的球的部分的体积,求这个球的半径.

3(B). 平行于棱锥底面的平面分它的体积为两个相等的部分. 这个平面分棱锥的侧棱为怎样的比?

4. 棱锥的底面面积等于 3,棱锥的体积也等于 3. 作两张平行于棱锥底面的平面,得到的截面的面积等于 1 和 2. 求夹在两个平面之间的棱锥部分的体积.

5.5 棱锥的体积

利用在前节叙述的相似性原理能够得到棱锥的体积公式.

定理 5.4(棱锥体积的基本公式)

棱锥的体积可以根据公式

$$V = \frac{1}{3}Sh \tag{4}$$

求得,其中 S 是棱锥的底面面积,h 是棱锥的高.

证明 我们考察三棱锥 $ABCD$. 设底面 ABC 的面积等于 S,引向底面的高等于 h. 我们标记这个棱锥各棱的中点如图 5.5 所示.

联结这些中点,我们分棱锥为四个多面体:两个三棱锥 $KMLD$ 和 $CPQK$ 及两个三棱柱 $QNBKML$ 和 $PQKANM$. 如果 V 是棱锥 $ABCD$ 的体积,那么棱锥 $KMLD$ 和 $CPQK$ 的体积根据相似原理等于 $\left(\frac{1}{2}\right)^3 V = \frac{1}{8}V$. 棱柱 $QNBKML$ 的体积根据公式(2)来求,底面 QNB 的面积等于 $\frac{S}{4}$,高为 $\frac{h}{2}$,就是说,这个棱柱的体

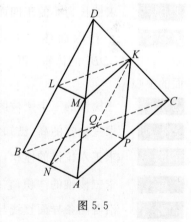

图 5.5

积等于 $\frac{S}{4} \cdot \frac{h}{2} = \frac{1}{8}Sh$. 为了求第二个棱柱的体积我们利用公式(3),这个棱柱侧

界面 $APQN$ 的面积等于 $\dfrac{S}{2}$,由棱 KM 到它的距离等于 $\dfrac{h}{2}$,则这个棱柱的体积等于 $\dfrac{1}{2} \cdot \dfrac{S}{2} \cdot \dfrac{h}{2} = \dfrac{1}{8} Sh$. 因此,整个棱锥的体积 V 表示为两个所指出的棱锥和两个棱柱的体积之和,我们得到

$$V = 2 \cdot \frac{V}{8} + 2 \cdot \frac{Sh}{8}$$

由此得 $V = \dfrac{1}{3} Sh$.

这样一来,对于三棱锥公式(4)是对的. 这意味着,对于任意棱锥它是对的. ▼

注释 在平面几何教程中,我们证明了三角形的面积公式,分三角形为部分,由它所拼成长方形. 在立体几何中类似的思想不是和谐的(可以严格地证明,分四面体为一些部分,要由它们拼接为平行六面体,通常是不可能的). 正因如此,所以对于四面体体积公式的证明包含有这样或那样形式的极限的过程. 在我们的情况下,它包含于我们利用的相似性原理.

▲■● 课题,作业,问题

1(B). 求棱长为 a 的正四面体的体积.

2(B). 平行六面体 $ABCDA_1B_1C_1D_1$ 的体积等于 V. 求棱锥 $ABCC_1$,ACA_1D_1,$ABDB_1$ 的体积. 再求多面体的体积,它的顶点是已知平行六面体各界面的中心.

3(B). 三棱锥的三个侧棱两两垂直且等于 a, b 和 c. 求这个棱锥的体积.

4. 求三棱锥的高,已知它的三个侧棱之长为 2,3 和 4 且两两垂直.

5. 求正六棱锥的体积,已知它的底面边长等于 1,侧棱等于 2.

6. 求三棱锥的体积,它的五条棱等于 1,而第六条棱等于 $\sqrt{6}$.

7. 沿着两条异面直线与两条线段相交(每一条的长是常数). 证明:以这两条线段的端点为顶点的四面体的体积是常数.

8. 设 a, b, h, R, r 和 Q 分别是正三棱锥的底面边长,侧棱,高,外接球的半径,内切球的半径和侧界面的面积. 我们考察两种情况:(1) 三棱锥;(2) 四棱锥. 对于每一款通过由列举的量中任意两个表示棱锥的体积. 工作的结果写在

6×6 的表中. 沿着表的边缘(上和右)写入指出的量,而在小方格中(对角线上的小方格除外)写上对应的公式,同时,对角线上面的格子里写(1)款的公式,而在对角线下面的格子里写(2)款的公式.

注释　可以剩下没填的格子,它们对应下面的对子:b 和 r,R 和 r,Q 和 R,Q 和 r.

9(ВП).　设 a,b,h,R,r 和 Q 分别是上题中的量;α,β,γ 和 φ 分别是正三棱锥在顶点处的面角,侧棱对底面的倾角,侧界面对底面的倾角和两个侧界面之间的二面角. 通过所有可能的量的对子表示正三棱锥的体积,它们中的一个量取自第一组量($a,b,\cdots$),而另一个取自第二组量($\alpha,\beta,\cdots$),得到的结果简述成表的形式.

10.　在问题 9 中以词"正四棱锥"代换词"正三棱锥",求解所得到的问题.

11.　设 $ABCDA_1B_1C_1D_1$ 是单位立方体. 求两个三棱锥 ACB_1D_1 和 A_1C_1BD 公共部分的体积.

12.　垂直于立方体的对角线且分对角线为下列比值的平面,分立方体的体积为怎样的比?(1)$2 : 1$;(2)$3 : 1$.

13(П).　我们考察长方形 $ABCD$,其中 $AB=2,BC=3$,线段 KM 平行于 AB 且与平面 $ABCD$ 的距离等于 $1,KM=5$. 求多面体 $ABCDKM$ 的体积.

14(Т).　存在三棱锥,它的高等于 $1,2,3$ 和 6 吗?

15(Т).　棱锥 $ABCD$ 的体积等于 1. 平行于 AB 和 CD 的两个平面分 BC 为三个相等的部分. 求在这两个平面之间的棱锥部分的体积.

5.6　多面体体积的计算

在本节将得到某些个公式,其对于计算某些个多面体,尤其是四面体的体积是很方便的. 我们先证明一个定理,它在求解各种立体几何问题时经常用到.

定理 5.5(关于三棱锥体积之比)

我们考察不位于一张平面且通过公共点 D 的三条直线. 设 A_1 和 A_2 是在一条直线上的某两点,B_1 和 B_2 是在另一条直线上的两个点,C_1 和 C_2 是在第三条直线上的两个点,V_1 是四面体(三棱锥)$A_1B_1C_1D$ 的体积,V_2 是四面体 $A_2B_2C_2D$ 的体积. 则

$$\frac{V_1}{V_2} = \frac{DA_1}{DA_2} \cdot \frac{DB_1}{DB_2} \cdot \frac{DC_1}{DC_2}$$

证明　通过 h_1 和 h_2 分别标记由点 C_1 和 C_2 到平面 DA_1B_1(也是到平面

DA_2B_2 的距离,图 5.6)的距离. 我们有

$$\frac{h_1}{h_2} = \frac{DC_1}{DC_2}$$

$$V_1 = \frac{1}{3}h_1 S_{\triangle DA_1B_1}$$

$$V_2 = \frac{1}{3}h_2 S_{\triangle DA_2B_2}$$

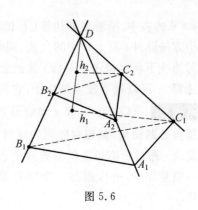

图 5.6

因此

$$\frac{V_1}{V_2} = \frac{S_{\triangle DA_1B_1}}{S_{\triangle DA_2B_2}} \cdot \frac{h_1}{h_2} = \frac{DA_1}{DA_2} \cdot \frac{DB_1}{DB_2} \cdot \frac{DC_1}{DC_2}$$

(在最后的等式我们利用了平面几何的事实,

$\triangle DA_1B_1$ 和 $\triangle DA_2B_2$ 在顶点 D 的角要么相等,要么互补时,则它们的面积之比等于由点 D 引出的两边乘积之比). ▼

注释 如果点 A_2, B_2, C_2 不在射线 DA_1, DB_1 和 DC_1 上,而在对应的直线上,那么四面体 $DA_1B_1C_1$ 和 $DA_2B_2C_2$ 的位置可以不像图 5.6 那样. 在这种情况,定理的结论不改变.

定理 5.6(外切多面体的体积)

外切多面体的体积可以按公式

$$V = \frac{1}{3}rS \tag{5}$$

来计算,其中 r 是内切球的半径,S 是多面体的全表面积.

证明 联结内切球的中心同多面体的所有顶点. 多面体现被分为若干个棱锥. 每个棱锥的底面分别是多面体的界面,而顶点是球的中心. 每个这样的棱锥的体积等于 $\frac{1}{3}rS_k$,其中 S_k 是对应界面的面积. 将这些棱锥的体积相加,我们得到多面体的体积. 此时 S_k 的和等于 S,即多面体的全表面积. ▼

注释 公式(5)对任意四面体都是对的,因为任意四面体都有内切球.

下面两个定理包含对四面体体积的计算.

定理 5.7(通过两个界面的面积、二面角和棱计算四面体的体积)

设 P 和 Q 是四面体两个界面的面积,a 是它们公共棱的长,α 是这两个界面之间的二面角的量. 则四面体的体积可以按照公式

$$V = \frac{2PQ\sin\alpha}{3a} \tag{6}$$

来计算.

证明　我们考察四面体 $ABCD$，它的界面 ABC 和 BCD 的面积等于 P 和 Q，α 是这两个界面之间的角，$BC=a$（图 5.7）. 设 d 是 $\triangle BCD$ 中边 BC 上的高，且 $d=\dfrac{2Q}{a}$. 则对于四面体由顶点 D 引的高，我们成立等式

$$h=d\sin\alpha=\frac{2Q}{a}\sin\alpha$$

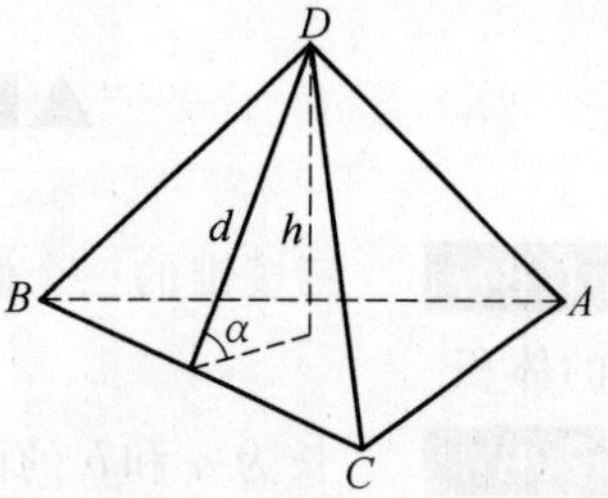

这意味着

$$V=\frac{1}{3}Ph=\frac{2PQ\sin\alpha}{3a}\quad\blacktriangledown$$

图 5.7

定理 5.8（通过两条对棱、它们之间的距离和角计算四面体的体积）

设 a 和 b 是四面体的两条相对的棱，d 是包含这两条棱的直线之间的距离，φ 是它们之间的角. 则四面体的体积可以按照公式

$$V=\frac{1}{6}abd\sin\varphi\tag{7}$$

求得.

证明　我们考察四面体 $ABCD$，设 AB 和 CD 是在定理条件中说到的棱. 我们添加四面体到平行六面体 $AKBMQCLD$（图 5.8），通过每条棱作出平行于对棱的平面（这个方法在第 4 章我们考察过）. 界面 $AKBM$ 和 $LCQD$ 的面积等于 $\dfrac{1}{2}ab\sin\varphi$，它们之间的距离是 d. 就是说，平行六面体的体积等于 $\dfrac{1}{2}ab\sin\varphi$. 由平行六面体切掉四个三棱锥（$ABCK$，等等.），我们得到四面体 $ABCD$. 每个切掉的棱锥的体积是平行六面体体积的 $\dfrac{1}{6}$. 这意味着，四面体的体积 V 等于平行六面体 $AKBMQCLD$ 体积的 $\dfrac{1}{3}$，也即 $V=\dfrac{1}{6}abd\sin\varphi$. ▼

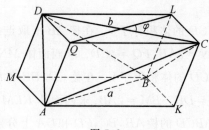

图 5.8

▲■● 课题，作业，问题

1(B). 三棱锥的三个侧棱两两垂直，而侧界面的面积等于 $S，P$ 和 Q. 求棱锥的体积.

2(B). 长为 a 和 b 的两条线段在垂直的异面直线上，直线之间的距离等于 d. 求顶点在已知线段端点的四面体的体积.

3. 求四面体 $ABCD$ 的体积，已知 $AB=4，BC=5，AD=6，BD=7，CA=8$，而棱为 AB 的二面角等于 $60°$.

4. 棱锥的五条棱等于 1，棱锥的顶点在半径为 1 的球的表面上. 求这个棱锥的体积.

5(ВП). 棱锥 $ABCD$ 的体积等于 V. 在棱 $DA，DB$ 和 DC 上取点 $K，L$ 和 M，使得 $DK=\dfrac{1}{3}DA，DL=\dfrac{2}{5}DB，DM=\dfrac{3}{4}DC，P$ 是 AB 的中点，G 是 $\triangle ABC$ 中线的交点. 求下列棱锥 $KLMC，KLMP，KLMG，DLMG，BMPG$ 的体积.

6(B). 棱锥 $ABCD$ 的体积等于 1. 在棱 $AD，BD$ 和 CD 上取点 $K，L$ 和 M，使得 $2AK=KD，BL=2LD，2CM=3MD$. 求多面体 $ABCKLM$ 的体积.

7(B). 三棱锥的体积等于 1. 求顶点在这个棱锥各界面中线的交点的棱锥的体积.

8. 棱锥 $ABCD$ 的棱 CD 等于 1 且垂直于平面 $ABC，AB=2，BC=3，\angle ABC=90°$. 求在棱锥 $ABCD$ 中内切球的半径.

9. 在单位立方体的一个界面对角线上取点 M 和 N，而在相邻的界面上同它异面的对角线上取点 P 和 Q. 已知 $MN=\dfrac{1}{2}，PQ=\dfrac{1}{3}$. 求四面体 $MNPQ$ 的体积.

10. 四面体 $ABCD$ 的体积等于 V. 在棱 AB 上取点 M 和 N，又在棱 CD 上取点 P 和 Q. 已知 $MN=\alpha AB，PQ=\beta CD$. 求四面体 $MNPQ$ 的体积.

11. 四面体 $ABCD$ 的体积等于 V. 在棱 $CD，DB$ 和 BA 上取点 $K，L，M$，使得 $2CK=CD，3DL=DB，5BM=2AB$. 求四面体 $KLMD$ 的体积.

12(T). 在四面体 $ABCD$ 的棱 $AB，BC，CD$ 和 DA 上分别取点 $K，L，M，N$，使得 $2AK=AB，3BL=BC，4CM=CD，5DN=DA$. 求四面体 $NKLB，NMLB$，

$KNMB$, $KLMB$ 和 $KLMN$ 的体积.

13. 圆柱的高等于 h. 在每个底面内接有正三角形,同时这两个三角形一个关于另一个转动 $60°$ 的角. 每个三角形的边长等于 a. 求顶点是这两个三角形的顶点的多面体的体积.

14(T). 三棱锥侧表面的面积等于 6,在底面的二面角等于 $60°$. 内切球的半径等于 r. 求棱锥的体积;r 能在怎样的范围变化?

15(Ⅱ). 设 $ABCD$ 是长方形,$AB = a$,$AC = b$. 直线 MN 平行于 AB,$MN = c$,由 MN 到平面 $ABCD$ 的距离等于 h. 求多面体 $ABCDMN$ 的体积.

16. 设 $ABCDEF$ 是边长为 a 的正六边形. 长为 a 的线段 MN 平行于六边形的一条边,且与它的平面距离为 h. 求立体 $ABCDEFMN$ 的体积.

17(T). 在四面体 $ABCD$ 的棱 AB,BC,CD 和 DA 上分别取点 K,L,M,N,使得 $AK = \dfrac{1}{3}AB$,$BL = \dfrac{1}{4}BC$,$CM = \dfrac{1}{5}CD$,$DN = \dfrac{1}{6}DA$. 求四面体 $KLMN$ 的体积.

5.7* 在解题时利用体积的性质

体积的性质,对于计算体积的公式可以显出在求解不同问题时的益处,甚至这样,它在关于体积的条件中没有提到. 特别是,公式(5)对于求在多面体中的内切球的半径(如果它存在)很是方便;利用公式(6)可以求四面体的二面角;利用公式(7)可以确定异面直线之间的角和距离. 我们考察某些个例题.

问题 1 棱锥 $SABCD$ 的底面是长方形 $ABCD$,其中 $AB = a$,$AD = b$,SC 是棱锥的高,且 $SC = h$. 平面 ABS 和 ADS 之间的二面角等于什么?

解 我们考察棱锥 $ABDS$(图 5.9),它的体积等于 $\dfrac{1}{6}abh$. 界面 ABS 和 ADS 的面积分别等于 $\dfrac{1}{2}a\sqrt{b^2+h^2}$ 和 $\dfrac{1}{2}b\sqrt{a^2+h^2}$. 此外

$$AS = \sqrt{a^2+b^2+h^2}$$

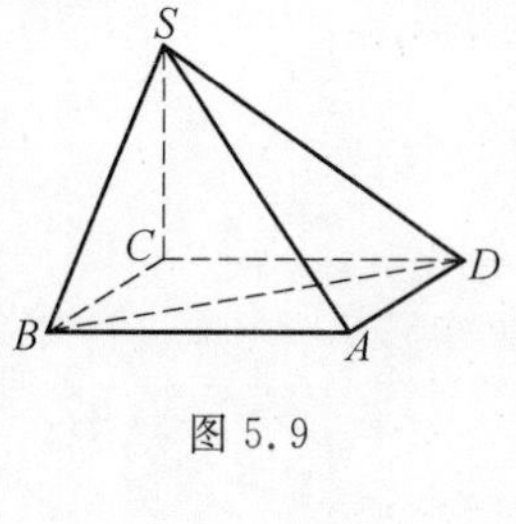

图 5.9

根据公式(7),我们有

$$\frac{2 \cdot \dfrac{1}{2}a\sqrt{b^2+h^2} \cdot \dfrac{1}{2}b(\sqrt{a^2+h^2} \cdot \sin\varphi)}{3\sqrt{a^2+b^2+h^2}} = \frac{1}{6}abh$$

其中 φ 是所求的二面角. 这样一来

$$\sin \varphi = \frac{\sqrt{a^2+b^2+h^2} \cdot h}{\sqrt{a^2+h^2} \cdot \sqrt{b^2+h^2}}$$

此外,角 φ 是钝角,因为点 B 在平面 ADS 的投影落在 $\triangle ADS$ 的外面(它处在通过点 A 在这个平面上对 AD 引的垂线上). 这意味着

$$\varphi = \pi - \arcsin \frac{\sqrt{a^2+b^2+h^2} \cdot h}{\sqrt{a^2+h^2} \cdot \sqrt{b^2+h^2}} \quad \blacktriangledown$$

注释 在平面几何教程中学习面积题材时,考察过代替线段的比为对应的面积之比的方法. 在空间我们有可能代替线段的比为体积之比. 例如,如果点 M 和 N 在 $\triangle ABC$ 的平面的不同侧,那么 $\triangle ABC$ 的平面分线段 MN 的比,等于棱锥 $ABCM$ 和 $ABCN$ 的体积之比(图 5.10). 代替三角形可以是任意的多边形.

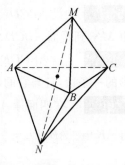

图 5.10

问题 2 在棱锥 $ABCD$ 的棱 AB,BD 和 DC 上取点 M,L 和 K,使得 $AM = \frac{1}{3}AB,BL = \frac{1}{4}BD,DK = \frac{2}{5}DC$. 平面 KLM 分联结棱 AD 和 BC 中点的线段为怎样的比?

解 设 P 和 Q 是 AD 和 BC 的中点(图 5.11). 解题的想法在于,为了确定棱锥 $MPLK$ 和 $KLQM$ 占棱锥 $ABCD$ 体积的怎样的部分,而后求他们的体积之比.

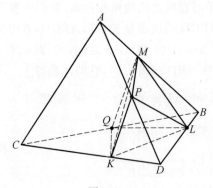

图 5.11

设 $\triangle ABD$ 的面积等于 S,则 $\triangle DPL$ 的面积等于 $\frac{1}{2} \cdot \frac{3}{4}S = \frac{3}{8}S$. $\triangle BML$ 的面积等于 $\frac{2}{3} \cdot \frac{1}{4}S = \frac{1}{6}S$. 同理,$\triangle AMP$ 的面积等于 $\frac{1}{2} \cdot \frac{1}{3}S = \frac{1}{6}S$. 因此,

△PML 的面积等于

$$\left(1 - \frac{3}{8} - \frac{1}{6} - \frac{1}{6}\right)S = \frac{7}{24}S$$

又因为由点 K 到平面 ABD 的距离是由点 C 到这个平面距离的 $\frac{2}{5}$，棱锥 $PMLK$ 的体积等于

$$\frac{2}{5} \cdot \frac{7}{24}V = \frac{7}{60}V$$

其中 V 是棱锥 $ABCD$ 的体积.

同理,求得棱锥 $KLQM$ 的体积. 它等于

$$\frac{2}{3}\left(1 - \frac{1}{4} \cdot \frac{1}{2} - \frac{1}{2} \cdot \frac{3}{5} - \frac{2}{5} \cdot \frac{3}{4}\right)V = \frac{11}{60}V$$

所以所求的比等于 $\frac{7}{60} : \frac{11}{60} = \frac{7}{11}$. ▼

问题 3 四棱锥 $SABCD$ 的底面是平行四边形 $ABCD$. 在棱 SA, SB 和 SC 上分别取点 K, L 和 M,使得 $SK = \frac{1}{2}SA, SL = \frac{1}{3}SB, SM = \frac{3}{5}SC$. 设平面 KLM 交 SD 于点 P. 求 $SP : SD$.

解 断言,点 K, L, M 和 P 在一个平面上(图 5.12),其等价于等式

$$V_{棱锥SKLM} + V_{棱锥SKPM} = V_{棱锥SPKL} + V_{棱锥SPML} \qquad (*)$$

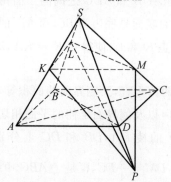

图 5.12

我们设 $SP = xSD$,又已知棱锥的体积等于 $2V$,则棱锥 $SABC$ 等于 V. 根据定理 5.4,我们有

$$\frac{V_{棱锥SKLM}}{V_{棱锥SABC}} = \frac{SK}{SA} \cdot \frac{SL}{SB} \cdot \frac{SM}{SC} = \frac{1}{2} \cdot \frac{1}{3} \cdot \frac{3}{5} = \frac{1}{10}$$

这意味着,$V_{棱锥SKLM} = \dfrac{1}{10}V$. 类似地,求得

$$V_{棱锥SKPM} = \frac{3x}{10}V, V_{棱锥SPML} = \frac{x}{5}V, V_{棱锥SPKL} = \frac{x}{6}V$$

将求得的表达式代入关系式(＊)中,我们得到 $\dfrac{1}{10} + \dfrac{3x}{10} = \dfrac{x}{5} + \dfrac{x}{6}$. 由此求得 $x =$

$\dfrac{3}{2}$,也就是,点 P 在棱 SD 的延长线上且 $SP : SD = 3 : 2$. ▼

▲■● 　课题,作业,问题

1(П). 　四面体 $ABCD$ 的界面 ABC 和 ADC 的面积等于 P 和 Q. 证明:棱为 AC 的二面角的平分面分棱 BD 的比为 $P : Q$.

2(П). 　四面体 $ABCD$ 的界面 ABC 和 ADC 的面积等于 P 和 Q. 它们之间的二面角等于 α. 求所指出的二面角的平分面交已知四面体得到的三角形的面积.

3. 　棱锥 $ABCD$ 的底面是斜边 AB 等于 4 的等腰 $Rt\triangle ABC$. 棱锥的高等于 2,而它的垂足是 AC 的中点. 求界面 ABD 和 BCD 之间的二面角的量值.

4. 　棱锥 $ABCD$ 的底面是斜边为 AC 的 $Rt\triangle ABC$,DC 是棱锥的高,$AB = 1, BC = 2, CD = 3$. 求平面 ADB 和 ADC 之间的二面角的量值.

5. 　棱锥 $SABCD$ 的底面是底边为 BC 和 AD 的梯形 $ABCD$,并且 $BC = 2AD$. 在棱 SA 和 SB 上取点 K 和 L,使得 $2SK = KA, 3SL = LB$. 平面 KLC 分棱 SD 为怎样的比?

6(T). 　三棱锥的侧棱两两垂直,又侧界面的面积等于 S, Q 和 P. 求内切球的半径. 同理求与棱锥的底面以及侧界面延伸的平面相切的球的半径.

7(T). 　在棱锥 $ABCD$ 的棱 DA, DB 和 DC 上分别取点 K, L 和 M,使得 $DK = \dfrac{1}{2}DA, DL = \dfrac{2}{5}DB, DM = \dfrac{3}{4}DC$,$G$ 是 $\triangle ABC$ 中线的交点. 平面 KLM 分线段 DG 为怎样的比?

8. 　在四面体 $ABCD$ 的棱 AB 和 CD 上取点 K 和 M,使得 $AK = \dfrac{1}{3}AB$,$CM = \dfrac{3}{5}CD$. 通过 BC 以及 AD 的中点的平面分线段 KM 为怎样的比?

9(T). 　平面交四面体 $ABCD$ 的棱 AB, BC, CD 和 DA 于点 K, L, M 和 P. 已

知 K 是 AB 的中点，$BL=\dfrac{1}{3}BC,CM=\dfrac{3}{4}CD.$ 求 KM 分线段 LP 为怎样的比？

10（T）. 　一棱锥的底面是个长方形，且所有的侧棱都相等．一张平面交棱锥的侧棱，由它们截出线段 a,b,c 和 d（依次环绕由公共的顶点算起）．证明

$$\frac{1}{a}+\frac{1}{c}=\frac{1}{b}+\frac{1}{d}$$

11（T）. 　棱锥 $SABCD$ 的底面是四边形 $ABCD$，它的对角线交于点 $M.$ $\triangle ABM,\triangle BCM$ 和 $\triangle CDM$ 的面积分别等于 $1,2$ 和 $6.$ 通过 A 的平面交 SB 和 SC 于点 K 和 M，使得 $SK=\dfrac{1}{2}KB,SM=\dfrac{1}{3}MC.$ 设这张平面交直线 SD 于点 $P.$ 求 $SP:SD.$

12（T）. 　在四面体 $ABCD$ 中内切球的半径等于 $R.$ 同样已知，$\triangle ABC$ 和 $\triangle ABD$ 面积之差是 $\triangle ABK$ 面积的 k 倍，其中 K 是棱 CD 的中点．求平面 ABK 交这个四面体的内切球所得圆的半径．

第6章 圆形体的体积和表面积

6.1 圆柱和圆锥的体积

我们考察底面半径为 R 且高为 h 的圆柱. 在它里面内接一个正 n 棱柱(图 6.1). 随着 n 的增加这个棱柱的体积将趋近于圆柱的体积. 但任意棱住的体积由公式 $V = S_{底面}h$ 来确定,其中 $S_{底面}$ 是棱柱底面的面积. 随着 n 的增加棱柱底面的面积趋向于圆柱底面的面积. 由此得出,对于圆柱体的体积所指出的公式也是对的. 通过 R 来表示底面的面积,我们得到,圆柱的体积用公式

$$V = \pi R^2 h \tag{8}$$

来确定.

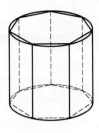

图 6.1

同样地,考察棱锥,它的底面是内接在已知圆锥的底面的正多边形,我们添加高,表示棱锥的体积公式对于圆锥是对的. 这样一来,圆锥的体积可以按照公式

$$V = \frac{1}{3}\pi R^2 h \tag{9}$$

求得,其中 R 是圆锥底面的半径,h 是它的高.

任何圆柱体的体积可按照公式

$$V = S_{底面}h$$

求得,而任何圆锥体的体积可按照公式

$$V = \frac{1}{3}S_{底面}h$$

求得.

6.2　卡瓦列里原理和球的体积

相似性原理,借助它得到棱锥的体积公式,可以引进另外的,更一般的原理 —— 卡瓦列里(Cavalieri,1598—1647) 原理. 卡瓦列里,意大利的学者,伽利略(Galilei) 的学生. 卡瓦列里的主要著作《几何学》在 1635 年出版,就在那里有简述的论断,后来被叫作"卡瓦列里原理" 的名称. 卡瓦列里通常被称为"数学分析的先驱" 学者之一,数学分析,这是在 17 世纪由牛顿(Newton) 和莱布尼兹(Leibniz) 创立的数学篇章,并且它在很长的时间里推动了(到 19 世纪末) 数学、物理和其他科学的发展.

数学分析给出回答的中心问题之一,这个问题是关于曲线图形的面积或复杂形式的立体体积的确定. 这个问题使远古的学者激动不已,阿基米德(Archimedes) 的卓越成就之一刚好就是求球的体积(因复制他的方法非常的困难,所以我们没有引入它). 从事这些的还有开普勒(Kepler),费马(Fermat) 和伽利略. 作为现代的数学分析语言所有这些问题都归结为寻找某个函数的定积分. 但是要给出严格的定积分是极为困难的事情,且超出我们课本的范围很远,所以我们引入球体积公式,是与介绍的卡瓦列里原理(或者方法) 不可分的,它以创立者的名字而命名. 在某种意义上,这个原理等价于较晚建立的积分学,但它更加地直观、易懂.

我们引入这个原理的可能的叙述中的一个.

卡瓦列里原理

如果两个立体可以在空间这样放置,使得平行于给定平面的任意平面交这两个立体截得的图形具有一样的面积,那么这两个立体具有相等的体积.

我们指出怎样借助卡瓦列里原理可以得到表达球体积的公式.

定理 6.1(球体积公式)

对于半径为 R 的球的体积成立公式

$$V = \frac{4}{3}\pi R^3 \tag{10}$$

证明　我们考察轴截面边长为 $2R$ 的正方形的圆柱,并且由它除掉两个公共顶点在圆柱的中心且底面与圆柱底面重合的圆锥(图 6.2(a)). 我们证明,得到的立体同半径为 R 的球体具有同样的体积. 我们取这样的球且这样放置它,使得它与包含圆柱底面的两个平面相切(图 6.2(b) 中画的是考察的立体的轴截面和球体的轴截面在一个平面上;水平的直线是平行于圆柱的底面两个立体平面的"痕迹"). 我们考察平行于圆柱底面的平面且与球体和圆柱的中心距离为 x 远. 这个平面与球交于半径为 $\rho = \sqrt{R^2 - x^2}$ 的圆. 截面面积为 $\pi\rho^2 = \pi(R^2 - x^2)$. 用平面截所作立体是一个外半径为 R 和内半径为 x 的圆环. 圆环的面积等于半径为 R 和 x 的两圆面积的差,即

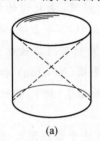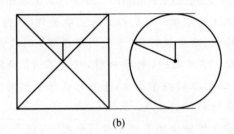

(a)   (b)

图 6.2

$$\pi R^2 - \pi x^2 = \pi\rho^2$$

于是,这两个立体的截面面积相等. 现在,根据卡瓦列里原理,求得半径为 R 的球的体积等于所指出的圆柱与两个圆锥的体积之差,即

$$V = \pi R^2 \cdot 2R - 2 \cdot \frac{1}{3}\pi R^2 \cdot R = \frac{4}{3}\pi R^3$$

公式(10) 得证. ▼

注释 在本节简述的卡瓦列里原理可以有某种加强,如果两个立体可以在空间这样放置,使得平行于给定平面的任意平面交这两个立体截得的图形它们的面积之比是个常数,那么这两个立体的体积之比也是这个常数.

我们指出,怎样借助卡瓦列里原理可以得到棱锥的体积公式.

我们察觉,由卡瓦列里原理和定理 2.6(棱锥的平行截面的性质) 得出正确的论断:有相等的高且底面等积的两个棱锥的体积相等.

现在我们考察三棱锥 $ABCD$,添加它到三棱柱 $ABCKMD$(图 6.3). 由后一个论断推得,棱锥 $ABCD, ABKD, BMKD$ 具有相等的体积. 那么,棱锥 $ABCD$ 和 $ABKD$ 的体积相等,不难明白,如果将

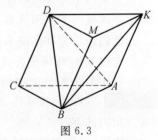

图 6.3

△ACD 和 △AKD 看作它们的底面的话.

类似地,取 △ABK 和 △BMK 作为底面,我们证明棱锥 $ABKD$ 和 $BMKD$ 的体积相等. 于是,棱锥 $ABCD$ 的体积是棱柱 $ABCKMD$ 体积的 $\frac{1}{3}$.

这样一来,我们再一次得到了棱锥的体积公式(公式(4)).

▲■●　课题,作业,问题

1(B).　已知长为 l 的线段. 求在空间与线段任何一个点的距离不超过 d 的所有可能的点组成的立体的体积.

2.　求边长为 1 且锐角为 α 的菱形绕较短的对角线旋转得到的立体的体积.

3.　求底边等于 3 和 2,而高等于 1 的梯形围绕大底旋转得到的立体的体积.

4.　求当边为 a 和 b 的长方形围绕两条不等的边旋转时得到的两个立体体积之和.

5.　如果球的体积等于轴截面是边长为 a 的正方形的圆柱的体积,求球的半径.

6(B).　求所有可能的半径为 r 的球所充满的空间部分的体积,球的中心在边长为 a 的正方形的内部和边界上.

7.　求与棱为 a 的立方体内部或界面的点的距离不超过 d 的点所组成的空间部分的体积.

8.　周长为 $2P$ 的凸多边形的面积为 S. 我们考察所有可能的半径为 r 且中心在这个多边形的内部或边界上的球. 证明:这些球充满的空间部分的体积,可以按公式 $V = 2Sr + \pi Pr^2 + \frac{4}{3}\pi r^3$ 求得.

如果取任意面积为 S,周界曲线长为 $2P$ 的凸平面图形代替多边形,证明:所指出的公式仍是对的.

*当解问题 9 ～ 15 时应当利用卡瓦列里原理.

9.　证明:由于正三角形绕平行于它的平面,且在三角形平面的投影包含有三角形的高的这样的直线旋转,得到的体积等于轴截面具有这个三角形形式的圆锥的体积.

10. 已知高为 h,底边为 a 的等腰三角形. 求这个三角形绕同包含三角形的平面形成 α 角的直线所得到的立体的体积,如果这条直线在三角形平面的射影包含它底边上的高.

11. 高等于 h 的圆柱的底面放在球面的表面上. 求球面和圆柱侧表面限界的球的部分的体积.

12(T). 半径为 r 的两个圆柱的轴相交且垂直. 求两个圆柱公共部分的体积. (圆柱足够的长).

13. 设 $ABCD$ 是长方形,线段 DE 垂直于它的平面. 证明:当绕 AB 旋转四面体 $ABCE$ 得到的立体的体积,等于轴为 AB 且母线为 CD 的圆柱和轴为 CD 且母线为 CE 的圆锥这两个立体体积之和.

14(T). 求单位立方体围绕它的对角线旋转得到的立体的体积.

15(T). 我们考察由半径为 r 的圆绕属于圆的平面,且与它的中心距离为 R $(R > r)$ 的直线旋转所得到的立体. 这个立体称作锚环. 证明:这个立体的体积等于底面是半径为 r 的圆而高等于 $2\pi R$ 的圆柱的体积.

6.3　圆柱,圆锥和球面的表面积

我们知道,如果圆柱的侧表面沿着母线剪开,那么它可以展开在平面上. 展开是边长为 H 和 L 的长方形,其中 H 是圆柱的高,L 是底面圆的周长,即 $L = 2\pi R$,这里 R 是底面圆的半径. 由此,圆柱侧表面的面积可表为公式

$$S_{侧表,圆柱} = 2\pi R H \tag{11}$$

可类似得到圆锥的侧表面的面积公式. 如果沿着圆锥的母线剪开,圆锥展开的侧表面是半径等于 l 的圆扇形,其中 l 是圆锥母线的长. 这个圆扇形的边界

的长等于圆锥底面圆的周长,即 $2\pi R$,这里 R 是圆锥底面的半径.由此推得(回忆通过弧长和半径表达圆扇形的面积),圆锥侧表面的面积可表为公式

$$S_{侧表,圆锥} = \pi R l \tag{12}$$

由球体的体积出发,能够得到球体的表面积,即球面的面积公式.这可以按照下面的方式去做.我们考察围绕在半径为 R 的球面的任意外切多面体.则(见公式(5))多面体的体积可表为公式

$$V_{多面体} = \frac{1}{3} R S_{多面体}$$

其中 $S_{多面体}$ 是多面体的表面积.

增加多面体界面的数目,使得每个界面的面积无限地减小(趋向于零),我们得到,公式(5)对于球体仍然是对的,且球体的体积可表为公式

$$V_{球体} = \frac{1}{3} R S_{球面},\frac{4}{3}\pi R^3 = \frac{1}{3} R S_{球面}$$

这样一来,球面的面积可表为公式

$$S_{球面} = 4\pi R^2 \tag{13}$$

注释　在节 6.5 我们将用另外的方法推出球面面积的公式.

▲■● 　课题,作业,问题

1.　圆柱的截面是正方形.圆锥的底面与圆柱的一个底面重合,而它的顶点是另一个底面的中心.求圆锥和圆柱侧表面面积之比.

2.　由高为 h 且底面半径为 R 的圆柱消掉两个圆锥.每个的顶点同圆柱的中心重合,而底面是圆柱的底面.求得到的立体的全表面积.

3.　考察由绕边为 1 且锐角为 α 的菱形较短和较长的对角线旋转所得到的两个立体.求它们每一个的全表面积,哪个立体的全表面积大?

4(B).　一个球与立方体的体积相等.哪个立体的全表面积大?

5(B).　设 S 是圆锥底面的面积,$S_{侧}$ 是它侧表面的面积.α 是圆锥的母线同底面之间的角.证明:$S = S_{侧}\cos\alpha$.

6.　在 Rt$\triangle ABC$ 中,斜边 $AB = 4$,$\angle BAC = 30°$,K 是 BC 的中点.求当 $\triangle ABK$ 绕 AC 旋转时所得到的立体的体积和全表面积.

7(T).　通过边长为 a 的正三角形的中心引直线,平行于它的一条边.求三角形绕这条直线旋转所得到的立体的体积和全表面积.

8(Ⅱ). 半径为 R 的球的中心在量数为 α 的二面角的棱上. 求在这个角内部的球体部分的体积和球面部分的面积.

6.4* 施瓦兹长筒,或什么是表面的面积?

根据在上一节得到的公式,能够计算我们已知的圆形体的表面积. 在这个问题中,没有讨论不是多面体的立体表面的面积是什么.

曲线的长能用下面的方式得到. 在曲线上我们标出某些个点并且顺次用线段联结它们. 我们得到内接于这条曲线的某条折线. 我们将增加这条折线线节的数目,使得最大的线节的长度趋于零,则折线的长度随着它的边数的增加将趋向于曲线的长度. 通常数学上这样定义曲线的长度.

能够用类似的方法,在考察的表面上"内接"多面体的表面且增加它的界面数目,断言,多面体表面的面积将必定趋近所考察的表面的面积吗? 在这个情况就完全不是这样的简单. 甚至考察最简单的圆形的表面,由于这个方法能够得到奇怪的和显然不正确的结果.

作为例子我们考察叫作施瓦兹(Schwartz)长筒(或者施瓦兹小手风琴)的结构. 这个例子是 19 世纪著名的德国数学家施瓦兹想出的.

我们考察半径为 R 且高为 1 的圆柱(图 6.4(a)). 在下底我们内接正 n 边形. 然后分高为 m 等份且通过分点作平行于它的底面的截面. 从下底面开始将所有截面编号. 在每个截面内接同样的 n 边形,只是在奇数号截面我们取这些 n 边形的边平行于下面 n 边形对应的边,而在偶数号截面我们将它们转动 $\dfrac{180^\circ}{n}$ 的角,然后将每个 n 边形的顶点同相邻的 n 边形最近的顶点联结. 结果我们得到内接于圆柱里的由三角形(如果不考虑上和下的 n 边形)组成的多面体的表面.

在图 6.4(b) 画出了这个表面的一层. 它由 $2n$ 个等腰三角形组成. 它们的底边是内接于高为 $\frac{1}{m}$ 的圆柱的底面的两个正 n 边形的边. 我们固定数 n. 每个三角形引向底边的高大于某个量(依赖于 n). 这个量可以用以下方式确定.

我们取任一个 $\triangle ABC$. 设 BC 是它的底边(见图 6.4(b)), BC 是半径为 R 的圆内接正 n 边形的边. 将顶点 A 向包含边 BC 的平面投影, 我们得到点 A_1 是弧 BC 的中点(图 6.4(c)). 显然, 在 $\triangle ABC$ 中边 BC 的高不小于由 A_1 到 BC 的距离. 我们通过 d 标记这个距离(正确的是通过 d_n 标记它, 这里指出它本身依赖于 n). 我们取任意数 $k>1$ 且选取 m, 使得成立不等式 $\frac{k}{m}<d$. 每个三角形的高大于 $\frac{k}{m}$. 如果 P_n 是内接于半径为 R 的圆正 n 边形的周长, 那么一层的三角形面积之和将大于 $P_n\frac{k}{m}$. 因此, 内接在圆柱所考察的表面的面积(正确的是, 它内接在侧表面的部分), 将比 $m \cdot P_n\frac{k}{m}=kP_n$ 大. 但是随着 n 的增长量 P_n 趋向于圆的周长, 即 $2\pi R$, 就是说, 内接于圆柱侧表面的多面体的面积随着 n 的增长, 从某个时刻开始将大于 $k(2\pi R)$, 其中, k 是大于 1 的任意数. 而我们知道, 半径为 R 且高为 1 的圆柱侧表面的面积等于 $2\pi R$. 得到的矛盾证明了, 用求得圆柱表面面积类似的方式对一般的圆形体是不能确定的. 此时, 已知圆柱体侧表面面积等于什么, 甚至不重要. 要知道, 我们的"论证"导入, 圆柱体侧表面面积是任意的量. 为了理解这个荒谬, 不必知道圆柱体的侧表面积等于什么.

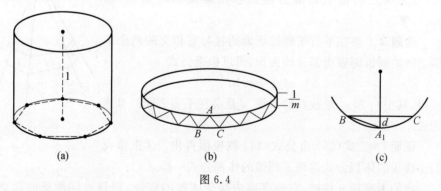

图 6.4

引入的例子指出, 表面面积是相当复杂的概念. 定义什么是表面的面积, 不是那样简单, 须知甚至完全合理的从一见就定义能够导致奇谈怪论. 试图弄明白, 为什么在考察的例子中表面的面积随着界面数的增加不趋近于圆柱侧表面的面积.问题在于,形成多面体的表面的每个三角形的平面,不趋向于与圆柱侧表面相切的平面.

如果我们由三角形的一个顶点对圆柱表面作切平面,那么这个平面同三角形本身的平面之间的角仍然大于某个量.

在本节中不讨论一般形式的表面面积的定义问题,我们限定于考察具体的表面:圆柱,圆锥的侧表面,还有球面和它的部分.

6.5　球带表面的面积

夹在与球面相交的两张平行平面之间的球面的部分,我们叫作球带.这两个平面之间的距离叫作球带的高.如果这两个平面之一与球面相切,那么我们就得到球冠.

本节的目的是导出球带表面面积的公式.但首先我们先证明两个辅助的命题.

命题 1　正棱锥夹在平行于底面的且与它相交的两个平面之间的侧表面部分的面积,可以根据公式

$$S=(p_1+p_2)d \tag{14}$$

求得,其中 p_1 和 p_2 是沿着指出的平面交正棱锥的多边形的半周长,d 是这两个多边形位于棱锥同一个侧界面的边之间的距离.

证明　公式(14)的正确性由对应的梯形面积公式推得,因为指出的侧表面部分的面积由等腰梯形组成(图6.5).▼

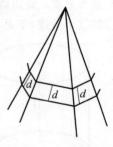

命题 2　夹在平行于圆锥底面的且与它相交的两个平面之间的圆锥侧表面部分的面积,可以根据公式

$$S=\pi(r_1+r_2)d \tag{15}$$

求得,其中 r_1 和 r_2 是截面的半径,d 是夹在平面之间的母线的长.

图 6.5

证明　公式(15)由公式(14)取极限得出.这正像我们由棱锥的体积公式得到了圆锥的体积公式一样.

我们考察正 n 棱锥,它的底面内接于圆锥的底面,而顶点同圆锥的顶点重合.对于这个棱锥的夹在平行平面之间的侧表面部分的面积公式(14)是对的.随着 n 的增加这两个 n 边形的半周长趋近 πr_1 和 πr_2.▼

定理 6.2(计算圆锥表面部分的面积公式)

我们考察放置在一个平面上的线段 AB 和不与这条线段垂直且不与它相交的直线 m. 设 h 是 AB 在直线 m 上射影的长，L 是 AB 的中垂线夹在 AB 和 m 之间的线段的长. 则由 AB 绕直线 m 旋转所得到的表面的面积，可以按照公式

$$S = 2\pi L h \tag{16}$$

求得.

证明　得到的表面是命题 2(公式(15))中所考察的圆锥侧表面的部分.

设 A_1 和 B_1 是 A 和 B 在 m 上的射影，N 是 AB 的中点，MN 是 AB 中垂线上的线段，点 M 在直线 m 上；N_1 是 N 在 m 上的射影；B_2 是 A 在 BB_1 上的射影(图 6.6). 根据条件 $A_1B_1 = AB_2 = h, MN = L, NN_1$ 是梯形 AA_1B_1B 的中位线，$AA_1 + BB_1 = 2NN_1$. 根据公式(15)，我们有

$$S = \pi(AA_1 + BB_1) \cdot AB = 2\pi NN_1 \cdot AB$$

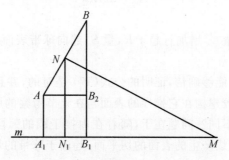

图 6.6

由 $\triangle BAB_2$ 和 $\triangle MNN_1$ 相似，我们得出 $\dfrac{NN_1}{AB_2} = \dfrac{NM}{AB}$，由此 $NN_1 \cdot AB = AB_2 \cdot NM$. 这样一来，有

$$S = 2\pi AB_2 \cdot NM = 2\pi L h$$

这就是要证的.▼

我们简述和证明关于球带面积的定理.

定理 6.3(球带的面积公式)

球带表面的面积可以按照公式

$$S = 2\pi R h \tag{17}$$

求得,其中 R 是球面的半径,h 是球带的高.

证明　在已知的球面上我们取直径 PQ,垂直于限定球带的平面,我们考察通过 PQ 引的平面对球面的截面. 球带的截面将是关于 PQ 对称的两段弧.

这两段弧的每一条在 PQ 上的射影长等于 h. 由于绕直线 PQ 旋转这两段弧的任一条形成球带本身. 设这是弧 CD(图 6.7).

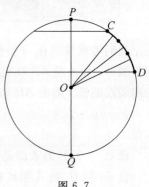

图 6.7

我们分弧 CD 为 n 等份且顺次联结分点. 我们得到内接在这条弧上的等节折线. 我们通过 O 标记 PQ 的中点(球面的中心);L_n 是由 O 到折线线节的距离(因为折线线节相等,那么它们与球心点 O 等远. 此外,所有对折线线节的中垂线通过点 O). 当折线绕 PQ 旋转时,我们得到由圆锥表面部分组成的表面. 这些表面部分的每一个对应着一个折线的线节. 对表面每一部分运用公式(16)且相加求得的值,我们得到,由旋转折线所形成的表面的面积,公式

$$S_n = 2\pi L_n h$$

是正确的.

随着 n 的增加量 L_n 增加且趋于 R,量 S_n 趋向球带表面的面积. 结果得到公式(17).▼

注释　为什么能够确信,证明的公式(17)是对的,并且给出球带表面面积的正确的量值? 比较建构在它推导的表面与在上节考察的所给出不对的结果的多面体表面有什么不同? 问题在于,随着在内接于圆的弧段折线线节数目的增加,由于旋转这条折线产生的表面的切平面,趋向于球带的切平面.

根据公式(17)可以求得球冠表面的面积(一个平面与球面相切). 如果同样在公式(17)中取 $h = 2R$(两个平面与球面相切),那么我们得到已经知道的整个球面面积的公式 $S_{球面} = 4\pi R^2$. 我们发现,我们可以反过来进行节 6.3 的讨论和利用球面面积公式求得球的体积.

▲■●　课题,作业,问题

1(B). 　　垂直于球面的直径的某些平面,分该直径为相等的部分. 证明:这些平面分球面为面积相等的部分.

2. 　　正四棱锥的高等于它底面的边长且等于 2. 中心在这个棱锥的顶点的球面与棱锥底面的边相切. 求在底面不同侧的球面部分的面积.

3. 　　考察与单位立方体的所有棱相切的球面. 立方体的表面分球面为若干个部分. 请问得到多少部分? 求这些部分的面积.

4. 　　半径为 R 的球和与它中心的距离等于 d 的平面相交. 求得到部分的体积.

5. 　　半径为 R 的第一个球面的中心在第二个球面上. 已知:这两个球面相交. 求在第一个球面内部的第二个球面部分的面积.

第 7 章　正多面体

7.1　正多面体的定义

在平面多边形中可以分出正多边形一类. 正如我们知道的,对于每个自然数 n 在平面上存在正 n 边形. 而在空间成立什么呢? 存在正多面体吗? 且一般说来,怎样的多面体叫作正多面体呢?

从久远的古代人们就知道五种绝妙的多面体(图 7.1). 按照界面的数目它们叫作四面体(四面体,它从前叫作正四面体,而不是任意的三棱锥),六面体(正六面体,立方体),八面体(正八面体),十二面体(正十二面体),二十面体(正二十面体). 学者研究了这些多面体的性质和联系,它们的样子可以在建筑艺术和宝石匠的作品中看到,伟大的古希腊哲学家柏拉图(Plato,前 427— 前 347)认为,这些立体具体表现了自然界的本质. 四个自然界的本质是人类已知的:火,水,土和气. 按照柏拉图的看法,它们的原子具有正多面体的形式:火原子具有正四面体的形式,土原子具有正六面体(立方体)的形式,气原子具有正八面体的形式,最后,水原子具有正二十面体的形式. 这个理论是在著名的著作《对话》中描述的.

但是还剩下了正十二面体,它没有对应. 柏拉图按照推测,还存在一个(第五个)本质,他称它是宇宙的以太. 这第五个本质的原子具有正十二面体的形式. 柏拉图和他的学生们在自己的著作中极大注意关注了列举的多面体,所以

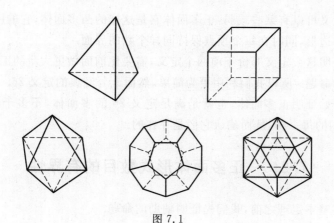

图 7.1

这些多面体也叫作柏拉图式的立体.

那么怎样得出的多面体叫作正的多面体呢?

定义 26

多面体叫作正多面体,如果它的所有界面是彼此相等的正多边形,由每个顶点出发一样个数的棱且所有的二面角都相等.

那么,存在正多面体我们已经说过了. 在前面的章节中我们不止一次地遇到过两种正多面体. 这就是四面体,准确地说,是正四面体,因为前面我们称四面体是任意的四个面的立体(任意的三棱锥)以及立方体,即正六面体. 剩下再了解三种正多面体并且弄明白为什么它们有五种.

我们注意,在数学文献中经常利用等价于定义 26 的正多面体的定义.

最通俗的一个如下:正多面体是这样的多面体,它的所有界面是相等的正多边形且所有的多面角相等且是正的(多面角叫作正的,如果它的所有面角和二面角相等).

这个定义可以有某些减弱:正多面体它是这样的凸多面体,它的所有界面是相等的正多边形,同时在每个顶点保持同样个数的界面.

为了证明这个定义等价于前两个定义,需要比前面做更大量的工作,和利用某些复杂的命题. 所以我们利用更为简单,然而十分经典的定义 26.

我们开始证明正多面体,也就是满足定义 26 的多面体,不多于五种,然后"出示"它们的每一种,从而确认它们是存在的.

7.2* 正多面体形式数目的有界性

在叙述基本定理之前,我们先证明辅助的命题.

引理

如果在顶点为 S 且所有面角和二面角都相等的多面角(即,是正多面角)的棱上取点 $A_1,A_2,\cdots,A_n$,使得 $SA_1=SA_2=\cdots=SA_n$,那么这些点位于一个平面上且是正 n 边形的顶点.

证明 我们证明,任意顺次的四个点在一个平面上. 考察点 A_1,A_2,A_3,A_4(图 7.2). 棱锥 $SA_1A_2A_3$ 和 $SA_2A_3A_4$ 相等,因为它们能够吻合,棱 SA_2 和 SA_3(取不同棱锥的棱)和在这两个棱上的二面角吻合.

由此推得,棱锥 $SA_1A_3A_4$ 和 $SA_1A_2A_4$ 也相等,因为它们所有对应的棱相等. 由这些棱锥的相等推得这样的等式

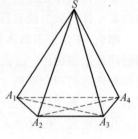

图 7.2

$$V_{棱锥SA_1A_2A_3} + V_{棱锥SA_1A_3A_4} = V_{棱锥SA_2A_3A_4} + V_{棱锥SA_1A_2A_4}$$

由最后的等式可以导出,棱锥 $A_1A_2A_3A_4$ 的体积等于零,即指出的四个点在一个平面上. 因此,全部 n 个点在一个平面上且在 n 边形 $A_1A_2\cdots A_n$ 中所有的边和角相等. 就是说,它是正 n 边形. 引理得证. ▼

定理 7.1(关于正多面体的个数)

存在不多于五种不同类型的正多面体.

证明 由正多面体的定义得出,正多面体的界面可以是三种形式的正多边形:三角形,四边形和五边形.

事实上,界面不能是六边形,因为每个顶点应当保持不少于三个界面. 但正六边形的角等于120°,三个角的和等于360°,而凸多面角面角的和小于360°(参见节 2.4 的问题 18). 于是正多面体的界面不能是边数大于等于 6 的多边形.

进一步,如果所有的界面是三角形,那么对每个顶点可以邻接贴合着不多于

5 个三角形：在相反的情况，在一个顶点的面角之和将不小于 $360°$，这是不可能的。这样一来，如果多面体的所有界面都是三角形，那么可能有三种情况：每个顶点邻接贴合着 3 个，4 个或 5 个三角形。如果正多面体的所有的界面是四边形或五边形，那么由每个顶点应当恰引出三条棱，即每个顶点保持三个界面（还有两种可能性）。

对于五种列举的可能性的每一个存在不多于一种带有给定棱长的正多面体。例如，我们考察当所有界面是五边形的情况。假设存在两个多面体，它的所有界面是边长为 a 的正五边形，而在每个多面体的所有二面角彼此相等（尽管不一定一个的二面角等于另一个的二面角，就是说这应当证明）。由每个多面体的任意顶点引出三条棱。设一个多面体由顶点 A 引出棱 AB，AC 和 AD，而另一个多面体由顶点 A_1 引出棱 A_1B_1，A_1C_1 和 A_1D_1（图 7.3）。我们有 $ABCD$ 和 $A_1B_1C_1D_1$ 是相等的正三棱锥（由顶点 A 和 A_1 引出的棱和在这两个顶点的面角相等，因此这两个棱锥的所有的棱两两相等）。我们得到，一个多面体的二面角等于另一个的二面角。由此推出，如果我们使棱锥 $ABCD$ 和 $A_1B_1C_1D_1$ 重合，且多面体自身重合。这意味着，实际上，如果存在正多面体，它的所有界面是边长为 a 的正五边形，那么这个多面体是唯一的。

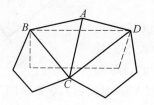 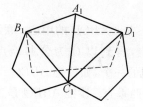

图 7.3

类似地，考察其余四种情况。推得只具有类型，在所有情况中，当所有界面是三角形时且利用引理得出，在每个顶点邻接贴合着 4 个或 5 个三角形。由它们将得出，由一个顶点引出的棱的端点位于一个平面上且是正四边形或正五边形的顶点。定理完全得证。▼

注释　由定理还没有得出，存在五种类型的正多面体。它证明了不多于五种。剩下证明，对应的多面体实际上存在，并且要"出示"它们。

7.3　正四面体，正六面体（立方体）和正八面体

为了证明存在五种不同类型的正多面体，对于在定理 7.1 指出的每种可能

的情况,构作带有需要性质的多面体.

正四面体. 正四面体,即具有相等的棱的四面体,是正四面体,它的所有界面是正三角形且由每个顶点恰引出三条棱(对它邻接贴合着三个界面).另外的这样的多面体不存在.精确地,所有这样的多面体彼此相似且完全由棱长来确定.这由定理 7.1 推得.此时(最简单的情况)能够且不引用定理,因为带有需要性质的多面体的存在性和唯一性完全是显然的.

正六面体(立方体). 立方体或正六面体是正的多面体,它的所有界面是正方形(正四边形)且由每个顶点恰引出三条棱(对它邻接贴合着三个界面).

正八面体. 不难证明,存在正多面体,它的所有界面是正三角形且每个顶点邻接贴合着四个界面.这样的多面体具有八个界面且叫作正八面体.它可以按下面的方法作出.

考察底面为 $ABCD$ 的正四棱锥 $ABCDE$,它的所有棱彼此相等.再作一个同样的棱锥 $ABCDG$,放在平面 $ABCD$ 的另一侧. 我们得到多面体 $ABCDEG$(图 7.4)是正的. 为了检验这个,应当只证明它的所有二面角相等. 这能够依下面的方法去做.

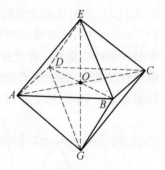

图 7.4

设 O 是正方形 $ABCD$ 的中心. 联结点 O 与多面体的所有顶点,得到以 O 为公共顶点的八个三棱锥. 考察其中的一个,如棱锥 $ABEO$. 棱 AO,BO 和 EO 相等且两两垂直. 棱锥 $ABEO$ 是正的(ABE 是底面),底面 ABE 的所有二面角相等. 此外,所有八个棱锥以 O 为顶点且底面是八面体 $ABCDEG$ 的界面,并且此界面彼此相等. 这意味着,这个八面体的所有二面角相等. 因为它们的每一个是指出的八个棱锥之一的对底面二面角的 2 倍. ▼

于是,我们证明了还存在一种正多面体. 正六面体(立方体)和正八面体形成一对对偶的多面体. 在立方体中有 6 个界面、12 条棱和 8 个顶点. 在正八面体中有 8 个界面、12 条棱和 6 个顶点. 正如我们所见,一个多面体的界面数等于另一个多面体的顶点数,且反过来也是. 但重要的不仅于此. 我们取任意的立方体,考察以它的界面中心为顶点的多面体(图 7.5(a)).这不难确定,得到正八面体. 且反过来,正八面体界面的中心是立方体的顶点(图 7.5(b)). 就是说,此时成立立方体和正八面体的对偶性. 如果也取正四面体界面的中心(图 7.6),那么得到正四面体. 就是说,正四面体的对偶是其自身.

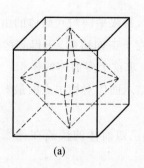 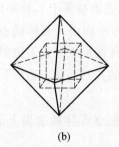 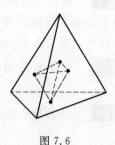

(a)　　　　　　　　(b)　　　　　　　　图 7.6

图 7.5

▲■● 课题,作业,问题

1. 棱长为 1 的正四面体与平面相交,使得截面是正方形. 这个正方形的边长等于什么? 求这个平面交顶点在已知四面体中心的四面体的截面的面积.

2. 对于棱长为 a 的正八面体,求它的体积,内切球的半径和外接球面的半径.

3. 立方体的体积是顶点在这个立方体界面中心的正八面体(即,这个八面体是这个立方体的对偶)的体积的多少倍?

4. 正八面体的体积是与它对偶的立方体(即,立方体的顶点在正八面体界面的中心)的体积的多少倍?

5. 我们考察单位立方体和顶点在立方体界面中心的正八面体. 确定通过立方体对角线的中点且垂直于它的平面交这两个正多面体每一个的截面的类型且求截面的面积.

6. 考察顶点在正四面体各棱的中点的多面体. 这个多面体是正多面体吗?

7. 我们考察四张平面,它们每一个与正四面体的三条棱相交,由它截去正四面体. 剩下的多面体的所有界面是正多边形. 求这个多面体的体积与原来四面体的体积之比.(指出所有的可能性)

8. 我们考察立方体,由立方体截去八个正三棱锥得到的多面体(这些棱锥底面的顶点在立方体由一个顶点引出的三条棱上). 这个多面体的所有界面是正多边形. 求它的体积与立方体的体积之比.

9. 在正八面体中,它的棱等于1,作平面,每张平面与八面体的由一个顶点引出的四条棱相交. 这些平面由八面体截去六个正四棱锥,所得到的多面体的所有界面是顶点在八面体的棱上的正多边形. 求这个多面体的体积.

10. 求沿着棱为1的正八面体的表面联结八面体对棱中点的最短路径的长.

11. 所有顶点在单位立方体的表面上的正四面体的棱长在什么范围变化?

7.4* 正八面体和正二十面体

剩下证明还存在两种类型的正多面体. 此时我们可以借助已经已知的正多面体,首先是正八面体.

定理 7.2(正二十面体的存在性)

存在正多面体,它的所有界面是三角形且由一个顶点引出 5 条棱. 这个多面体有 20 个界面、30 条棱和 12 个顶点.

在定理中说的这个多面体,叫作正二十面体.

证明 我们考察棱为1的正八面 $ABCDEG$. 在棱 AE,BE,CE,DE,AB 和 BC 上分别取点 M, K,N,Q,L 和 P,使得

$$AM = EK = CN = EQ = BL = BP = x$$

我们求 x,使得联结这些点的所有线段,如在图 7.7 中指出的那样,彼此相等. 为此成立等式 $KM = KQ$ 就足够了. 但 $KQ = \sqrt{2}\,KE = \sqrt{2}\,x$($KEQ$ 是直角边为 KE 和 EQ 的等腰直角三角形). 对于 $\triangle MEK$($ME = 1-x, KE = x, \angle MEK = 60°$) 根据余弦定理,有

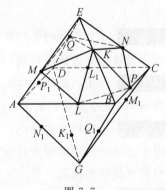

图 7.7

$$KM^2 = ME^2 + KE^2 - 2ME \cdot KE\cos 60° = (1-x)^2 + x^2 - (1-x)x$$

我们得到对于 x 的方程

$$(1-x)^2 + x^2 - (1-x)x = 2x^2$$

或者

$$x^2 - 3x + 1 = 0$$

由此得 $x = \dfrac{1}{2}(3 - \sqrt{5})$(第二个根大于1).

我们再取六个点, K,L,P,N,Q 和 M 关于正八面体中心的对称点. 这些点分别标记为 K_1,L_1,P_1,N_1,Q_1 和 M_1. 得到顶点为 $K,L,P,N,Q,M,K_1,L_1,P_1,N_1,Q_1$ 和 M_1 的多面体且是需要的正多面体:它的所有界面是正三角形,由每个顶点引出 5 条棱(图 7.7 只是这个多面体的一部分,即棱锥 $MLPNQK$). 剩下证明,所有的二面角彼此相等.

我们发现,所作的多面体的所有顶点与点 O,即与正八面体中心的距离相等,也就是,处在中心为 O 的球面上. 现在可以几乎逐字逐句地重复,借助于正八面体,我们证明了正八面体的二面角相等的讨论.联结点 O 同得到的 20 面体的所有顶点,分它为 20 个正的且相等的三棱锥.它们每一个的底面分别是 20 面体的界面. 现在我们考察 20 面体的每个二面角等于我们分成的每个棱锥在底面二面角的 2 倍. 因此所有的二面角相等.所以所得到的 20 面体是正二十面体. ▼

7.5　正十二面体

剩下证明还存在一种,最后一种类型的正多面体.

定理 7.3(正十二面体的存在性)

存在正多面体,它的所有界面是五边形. 这个多面体有 12 个界面、30 条棱和 20 个顶点.

在定理中说的这个多面体,叫作正十二面体.

证明　我们取正二十面体且考察顶点在它的界面中心的多面体(图 7.8).具有一个顶点的二十体的 5 个界面的中心在一个平面上且是正五边形的顶点. 20 面体的每个顶点对应新多面体的界面,新多面体的界面是相等的正五边形,所有的二面角相等. 要知道由新的多面体一个顶点引出的任意三条棱可以看作正三棱锥的侧棱,且所有得到的这些棱锥相等(它们的侧棱相等,它们之间的面角是正五边形的角). 于是,这样构作的多面体是正的,它是正十二面体,它有 12 个界面(二十面体顶点这么多),30 条棱(与二十面体相同) 和 20 个顶点(二十面体界面这么多). ▼

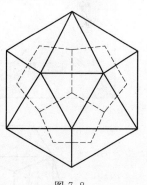

图 7.8

这样就完成了证明的论断,在三维欧几里得空间恰存在五种不同类型的正多面体. 此时,我们确定了,在三维空间中存在的正多面体具有怎样的类型.

正多面体界面的中心是我们考察过的对偶正多面体的顶点. 对正四面体的

对偶多面体是四面体本身. 所有其余的多面体分成对偶的两对：正六面体(立方体) 和正八面体, 正十二面体和正二十面体. 正十二面体是作为正二十面体的对偶引进的. 自然, 正十二面体的界面的中心也是正二十面体的顶点.

7.6* 所有正多面体之间的关系

正二十面体是借助正八面体构作的. 正二十面体界面的中心, 正如已知, 是正十二面体的顶点, 而正八面体界面的中心是立方体的顶点. 由指出的方法构作的十二面体的 20 个顶点中的 8 个同正八面体界面的中心重合, 也就是, 是立方体的顶点(自然, 由 20 个顶点选取 8 个是立方体的顶点, 可以有不同的方法). 这样一来, 全部五种正多面体彼此之间紧密联系, 相互之间彼此产生. 对子正八面体－立方体, 正八面体－正二十面体, 正二十面体－正十二面体的画像分别在图 7.5, 图 7.7, 图 7.8 中. 图 7.9 的画像是立方体和外接于它的正十二面体, 而图 7.10 所示的是立方体和内接于它的正四面体.

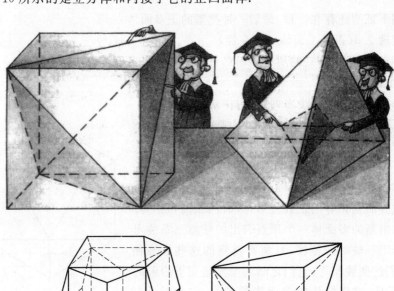

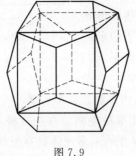

图 7.9

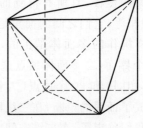

图 7.10

▲■● 　课题,作业,问题

1. 　求内接在单位正八面体的正二十面体的棱长,正如证明定理 7.1 时那样.

2. 　对于棱长为 a 的正二十面体,求它的体积,内切球的半径和外接球的半径.

3. 　如果正二十面体的棱长等于 a. 求它相对顶点之间沿着正二十面体的表面的最短路径的长.

4. 　确定正二十面体被通过联结它的相对顶点的对角线的中点且垂直于这条对角线的平面所截得的截面的形状.

5. 　正二十面体的二面角等于什么?

6. 　联结正二十面体相对顶点的对角线之间的角等于什么?

7. 　能够通过空间某个点引六条不同的直线,使得这些直线全部两两之间的角相等吗?

8. 　对于棱长为 a 的正十二面体,求它的体积,内切球的半径和外接球的半径.

9. 　求正十二面体的二面角.

10. 　确定正十二面体被平行于它的两个相对的界面且与它们等距离的平面所截得的截面的形状.

11. 　在空间放置三个正五边形 $ABCDE$,$ABKCM$ 和 $KBCEF$. 证明:直线 BD,BM 和 BF 垂直.

第 8 章 空间的坐标和向量

8.1 在空间的笛卡儿坐标

在空间我们考察通过点 O 的三对两两垂直的直线. 我们将认为,这些直线的每一条是以点 O 为原点且具有相等的单位线段的坐标轴. 编辑轴且命名第一个叫 Ox 轴,第二个叫 Oy 轴,第三个叫 Oz 轴. 这三个轴构成了在空间的笛卡儿 (Descartes) 坐标系. 现在空间每一点 A 能表为对应的有序三数组 (x,y,z) 叫作这个点的坐标. 我们将写为下面的形式: $A(x,y,z)$. 这里 x 是点 A 的第一坐标或者在 Ox 轴上的坐标,点 A_1 是 A 在这个轴上的投影(图 8.1).

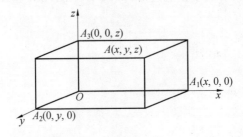

图 8.1

类似地,确定数 y 和 z. 反之,每三数组 (x,y,z) 与空间的点相对应.

这样一来,引进空间的坐标,我们建立了空间的点和有序三数组之间的一一对应.

8.2　两点间的距离公式及球面方程

设 $A(x_1, y_1, z_1)$ 和 $B(x_2, y_2, z_2)$ 是空间的两个点,则线段 AB 的长由公式

$$AB = \sqrt{(x_1 - x_2)^2 + (y_1 - y_2)^2 + (z_1 - z_2)^2}$$

来计算.

这个公式,实际上,是长方体通过三条两两垂直的棱长根据对于长方体的毕达哥拉斯定理(定理 2.9)表示对角线的长:如果我们通过点 A 和 B 作垂直于坐标轴所有可能的平面(图 8.2),那么我们得到棱为 $|x_1 - x_2|$,$|y_1 - y_2|$,$|z_1 - z_2|$ 且对角线为 AB 的长方体(如果某一维的坐标相等,那么长方体退化为长方形或者甚至是线段).

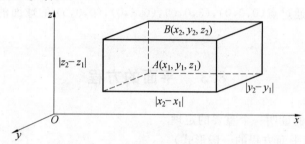

图 8.2

由两点之间的距离公式得出,满足方程

$$(x - a)^2 + (y - b)^2 + (z - c)^2 = R^2 \qquad (*)$$

的点 $M(x, y, z)$ 的集合,其中 a, b, c 和 R 是已知数,是中心在点 $Q(a, b, c)$ 半径为 R 的球面,也就是,方程 $(*)$ 是球面的方程.

▲■●　课题,作业,问题

1.　求点 A 和 B 之间的距离:(1)$A(1, 2, 3)$,$B(-2, -3, 1)$;(2)$A(-1, -3, 0)$,$B(3, -4, 5)$.

2(B).　求位于 Ox 轴上且与点 $A(-2, 4, 1)$ 和 $B(1, 1, 2)$ 等距离的点 M 的坐标.

3.　求在坐标平面上与点 $(0, 0, 3)$,$(0, 4, 0)$,$(5, 0, 0)$ 的每一个距离相等的点的坐标.

4(B). 求中心在点 $Q(-1,2,-3)$ 且通过坐标原点的球面的方程.

5. 求球面的方程,已知点 $A(1,-2,3)$ 和 $B(-3,4,-1)$ 是它的一对对径点.

6. 求通过点 $A(0,2,3)$ 和 $B(-1,0,2)$,中心在 Oy 轴上的球面的方程.

7. 证明:方程 $x^2+y^2+z^2+x+2y+3z=0$ 是球面的方程. 求它的中心和半径.

8. 求中心在点 $Q(-1,3,2)$ 且与平面 yOz 相切的球面的方程.

9. 求中心在点 $Q(3,-1,4)$ 且与 Ox 轴相切的球面的方程.

10. 求中心在点 $Q(-1,0,2)$ 且与球面 $x^2+y^2+z^2=2y$ 相切的球面的方程.

11. 求通过点 $(0,0,0),(3,0,0),(0,4,0),(0,0,5)$ 的球面的中心的坐标和半径.

8.3 平面的方程

在本节我们证明一个重要的定理.

定理 8.1(平面方程的一般形式)

任意平面在笛卡儿坐标系中可以由方程 $ax+by+cz+d=0$ 给出,其中 a, b, c 中至少有一个数不等于零.

反过来,任何方程 $ax+by+cz+d=0$ 在数 a, b, c 中至少有一个数不等于零的条件下,是平面的方程.

证明 我们考察平面 L. 设 $A(m,n,p)$ 是空间某个点,$A_0(m_0,n_0,p_0)$ 是 A 在平面 L 的投影,$M(x,y,z)$ 是平面 L 上的任意点(图 8.3). 因为直线 AA_0 垂直于平面 L,所以它垂直于这个平面上的任意直线,也就是,垂直于 A_0M. 对于 $Rt\triangle AA_0M$ 写出毕达哥拉斯定理,即

$$AA_0^2+A_0M^2=AM^2$$

亦即

$$(m-m_0)^2+(n-n_0)^2+(p-p_0)^2+(x-m_0)^2+(y-n_0)^2+(z-p_0)^2$$
$$=(x-m)^2+(y-n)^2+(z-p)^2$$

经明显的变换后,我们得到

$$(m-m_0)x+(n-n_0)y+(p-p_0)z+(m_0-m)m_0+(n_0-n)n_0+(p-p_0)p_0=0$$

$$(*)$$

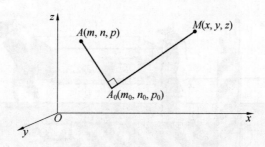

图 8.3

于是,我们证明了,在平面 L 上的任意点的坐标满足方程

$$ax + by + cz + d = 0$$

其中

$$a = (m - m_0), b = (n - n_0), c = (p - p_0)$$
$$d = (m_0 - m)m_0 + (n_0 - n)n_0 + (p - p_0)p_0$$

这里,除 (m, n, p) 当某个点 A 的坐标不在考察的平面上外, (m_0, n_0, p_0) 是点 A 在这个平面的投影点 A_0 的坐标. 显然不属于平面的点不满足得到的方程. 定理的第一部分得证.

现在我们证明定理的第二部分. 我们考察方程

$$ax + by + cz + d = 0$$

其中 $a^2 + b^2 + c^2 \neq 0$.

我们取某个点 $A_0(m_0, n_0, p_0)$,它的坐标满足这个方程,也就是 $am_0 + bn_0 + cp_0 + d = 0$. 由条件 $a^2 + b^2 + c^2 \neq 0$ 得出,这个点必定存在. 例如,如果 $a \neq 0$,那么可以取 $m_0 = -\dfrac{d}{a}, n_0 = p_0 = 0$. 我们取点 $A(m, n, p)$,其中 $m = a + m_0, n = b + n_0, p = c + p_0$(很明显,取得每个点,在证明定理的第一部分得到的公式帮助了我们). 写出通过点 A_0 且垂直于直线 AA_0 的平面的方程,我们得到方程(∗). 在方程中,我们分别用 m, n 和 p 代替表达式 $m = a + m_0, n = b + n_0, p = c + p_0$. 对方程进行简单代换,得

$$ax + by + cz - am_0 - bn_0 - cp_0 = 0$$

又因为

$$am_0 + bn_0 + cp_0 + d = 0$$

所以我们得到方程

$$ax + by + cz + d = 0$$

这样一来,给出的方程在实际上给出了平面. 定理证完. ▼

我们注意,方程 $ax+by+cz+d=0$ 和 $a_1x+b_1y+c_1z+d_1=0$ 给出一个平面方程,如果 $a_1=\lambda a,b_1=\lambda b,c_1=\lambda c,d_1=\lambda d(\lambda \neq 0)$. 因此,我们总可以用更方便我们的方法取这些数中的一个,获得其他这样的形式,使得保持所有的比 $\dfrac{a}{b}$,

$\dfrac{b}{c}$,等等. 在导出坐标平面的方程时不必进行像定理证明中那样找点 A 和 A_0,然后再写出方程. 我们解下面的问题.

问题 求通过下列点 $(1,0,0),(0,2,0),(0,0,3)$ 的平面方程.

解 正如我们所知,平面方程具有形式

$$ax+by+cz+d=0$$

在这个方程中代入已知点的坐标. 我们得到方程组 $a+d=0,2b+d=0$,$3c+d=0$,由它们可以通过 d 表示所有系数并且代入方程. 所有这些方程当 d 不同时给出同一张平面,为方便起见假设 $d=-6$,我们得到方程 $6x+3y+2z-6=0$. ▼

▲■● 课题,作业,问题

1(B). 求通过点 $A(3,-2,4)$ 且垂直于直线 OA 的平面方程,其中 O 是坐标原点.

2(B). 求与坐标轴交于点 $(a,0,0),(0,b,0),(0,0,c)$ 的平面方程.

3(B). 证明:给定方程为 $ax+by+cz+d=0$ 和 $ax+by+cz+d_1=0$ $(d \neq d_1)$ 的两张平面平行.

4(B). 求通过点 $(-2,0,3)$ 且平行于平面 $2x-y-3z+5=0$ 的平面方程.

5. 求通过 AB 的中点且垂直于 AB 的平面方程,其中 $A(1,-4,3)$, $B(-5,2,1)$.

6. 求通过点 $A(-3,0,1)$,$B(2,1,-1)$,$C(-2,2,0)$ 的平面方程.

7(T). 求与平面 $x+2y+3z=0$ 平行且与球面 $x^2+y^2+z^2=1$ 相切的平面方程.

8. 证明:点 $A(1,-1,0)$,$B(2,1,2)$,$C(-3,1,1)$ 和 $D(-2,3,3)$ 在同一个平面上.

9. 求由坐标原点到平面 $x-2y+3z-5=5$ 的距离.

10(T). 求通过点 $(3,0,0)$ 和 $(0,-2,0)$ 且与球面 $x^2+y^2+z^2-2z=0$ 相切的平面方程.

8.4　直线的方程

本节的名称不完全精确. 在空间的直线一般地用两个方程,确切地,是由两个平面方程给出. 实际上,任何两条彼此不平行的平面相交于直线,这样可以说,由两个平面方程组给出直线(当然,存在许多方法选取相交于已知直线的平面). 例如,求通过坐标原点和点 $A(a,b,c)$ 的直线方程. 设点 A 的所有坐标不等于零. 我们考察在射线 OA 上的任意点 $M(x,y,z)$(图 8.4).显然

$$\frac{x}{a}=\frac{OM}{OA}=\frac{y}{b}=\frac{z}{c}$$

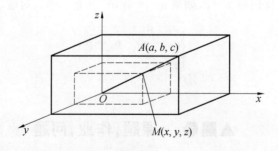

图 8.4

等式 $\dfrac{x}{a}=\dfrac{y}{b}=\dfrac{z}{c}$ 对于补充射线 OA 到直线 OA 是对的. 它可以写为两个方程组

$$\begin{cases} bz-cy=0 \\ cx-az=0 \end{cases}$$

的形式,它们的每一个给出平面.

我们现在取点 $A_1(a_1,b_1,c_1)$ 和 $A_2(a_2,b_2,c_2)$. 我们求直线 A_1A_2 的方程. 我们考察当这些点的对应坐标不相等的情况. 设 $M(x,y,z)$ 是直线 A_1A_2 上的某个点,并且为确定起见它在射线 A_1A_2 上. 由对应的相似(图 8.5),我们得到

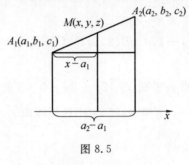

图 8.5

$$\frac{x-a}{a_2-a_1}=\frac{A_1M}{A_1A_2}$$

比 $\frac{y-b_1}{b_2-b_1}, \frac{z-c_1}{c_2-c_1}$ 是同样的. 因此,通过点 $A_1(a_1,b_1,c_1)$ 和 $A_2(a_2,b_2,c_2)$ 的直线,如果这些点对应的坐标不同,那么用等式

$$\frac{x-a_1}{a_2-a_1}=\frac{y-b_1}{b_2-b_1}=\frac{z-c_1}{c_2-c_1}$$

给出.

我们现在考察当点 A_1 和 A_2 的坐标相等的情况. 设 $c_1=c_2=c$. 则对直线 A_1A_2 所有的点我们有 $z=c$,如果 $a_1 \neq a_2, b_1 \neq b_2$,那么对应的直线用组

$$\begin{cases} \dfrac{x-a_1}{a_2-a_1}=\dfrac{y-b_1}{b_2-b_1} \\ z=c \end{cases}$$

给出.

▲■● 课题,作业,问题

1. 写出通过已知点 $A(-2,1,3)$ 和 $B(1,5,-3)$ 的直线方程.

2. 建议借助一个方程可以给出直线的方法.

3(Π). 通过点 $A(-2,3,5)$ 和 $B(3,-1,4)$ 引直线. 求这条直线交平面 xOy, yOz 和 zOx 的点的坐标.

4. 求通过点 $A(3,2,1)$ 和 $B(2,1,3)$ 的直线与平面 $x-3y+2z=11$ 的交点的坐标.

5(T). 求与点 $A(1,-3,-5)$, $B(2,4,6)$ 和 $C(-1,2,-4)$ 等远的点的轨迹.

6(T). 证明:方程 $x^2+y^2=r^2(h-z)^2$ 当 $0\leqslant z\leqslant h$ 时,给出直圆锥的侧表面.

7(T). 写出通过点 $(3,2,-2)$ 且与 Ox 轴及直线 $x=1,y=-2$ 相交的直线方程.

8. 求点 $A(4,-3,5)$ 关于直线 $x=y=z$ 的对称点的坐标.

9. 在 Ox 轴上的点 M 与位于通过点 $A(4,5,-2)$ 和 $B(7,6,3)$ 的直线上的点 K 之间的最小距离等于什么?

10. 写出通过点 $A(1,1,1)$ 且平行于用方程 $x-2y-3z=0$ 和 $2x+y-z=2$ 所给出的直线方程.

8.5　空间的向量

在平面几何教程中给出的向量定义,保持在空间中. 向量 AB 写为 $\overrightarrow{AB}$,这是用空间两个点 A 和 B 给出的有向线段,此时,第一个点,即点 A 是向量的始点,而第二个点,即点 B 是它的终点. 正如在平面上一样,剩下两个向量相等的概念. 不在一条直线上的向量 $\overrightarrow{AB}$ 和 $\overrightarrow{CD}$ 被认为是相等的($\overrightarrow{AB}=\overrightarrow{CD}$),如果 $ABCD$ 是平行四边形. 两个向量 a 和 b 称为共线的,如果它们平行或者在一条直线上.

正如在平面几何中那样,记号 $|a|$ 标记向量 a 的长或者 a 的模.

零向量,也就是长为 0 的向量,被认为是与任何向量共线的.

和在平面上一样,定义向量乘以数的运算:等式 $b=ka$ 意味着,向量 b 与向量 a 共线且此时 $|b|=|k||a|$;当 $k>0$ 时,向量 b 的方向同向量 a 的方向重合,当 $k<0$ 时,则它们的方向相反.

和在平面上一样,定义两个向量的加法运算. 这个运算的定义可以认为是等式

$$\overrightarrow{AB}+\overrightarrow{BC}=\overrightarrow{AC}$$

在空间出现一个新的概念. 向量 a,b 和 c 叫作共面的,如果存在平行于全部这三个向量的平面(我们理解,零向量平行于任何直线,更加平行于任何平面).

8.6 在空间通过三个不共线的向量表示任意向量的唯一性的定理

设 a，b 和 c 是三个不共面的向量，m 是空间的任意向量. 向量 m 通过向量 a，b 和 c 表示(换言之，分解向量 m 为向量 a，b 和 c)，这意味着，找到这样的数 x，y 和 z，使得成立等式

$$m = xa + yb + zc$$

定理 8.2(关于向量分解的唯一性)

任意空间的向量可以分解为三个给定的不共面的向量，并且是唯一的形式.

证明 设 a，b 和 c 是三个不共面的向量，m 是任意向量. 可以认为，每个向量的始点在点 O. 我们考察，当向量 m 不属于向量 a 和 b，b 和 c，c 和 a 两两给出的平面的情况. 通过点 M 标记向量 m 的终点. 我们构建平行六面体，其中 OM 是对角线，而各棱分别平行于向量 a，b 和 c(图 8.6). 这个平行六面体记为 $OAKBCLMN$. 设 $\overrightarrow{OA} = xa$，$\overrightarrow{OB} = \overrightarrow{AK} = yb$，$\overrightarrow{KM} = \overrightarrow{OC} = zc$. 这样一来

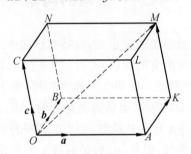

图 8.6

$$m = \overrightarrow{OM} = \overrightarrow{OA} + \overrightarrow{AK} + \overrightarrow{KM} = xa + yb + zc$$

于是，我们证明了，任意向量 m 可以表为形式 $m = xa + yb + zc$. 剩下证明，这个表示是唯一的.

假设，存在另外一组数 (x_1, y_1, z_1)，不同于数组 (x, y, z)，对于它也成立等式

$$m = x_1 a + y_1 b + z_1 c$$

由向量 m 的一个表示减去另一个表示，我们得到

$$(x - x_1)a + (y - y_1)b + (z - z_1)c = 0$$

如果，例如，$x \neq x_1$，那么向量 a 可以通过向量 b 和 c 表示为

$$a = -\frac{y-y_1}{x-x_1}b - \frac{z-z_1}{x-x_1}c = kb + pc$$

这意味着,向量 a 在向量 b 和 c 确定的平面上,也就是,a,b 和 c 是共面的向量,与条件矛盾.定理完全证毕.▼

　　数 x,y,z 叫作向量 m 在用向量 a,b 和 c(或者用基底 a,b,c)给出的坐标系中的坐标.如果 a,b 和 c 是两两垂直的单位长的向量,那么我们得到笛卡儿坐标系.我们注意,如果给出基底 a,b,c 且原点算作 O,那么任意点 M 可以在这个基底下对应向量 $\overrightarrow{OM}$ 的坐标.由任意三个不共面的向量给出的这样的坐标系,叫作仿射坐标系.两两垂直的单位向量的拼三组将标记为 i,j,k.特别地,如果 (x,y,z) 是点 M 在原点为点 O 的由拼三组 i,j,k 给出的笛卡尔坐标系中的坐标,那么 $\overrightarrow{OM} = xi + yj + zk$.

　　如果 $M_1(x_1,y_1,z_1)$ 和 $M_2(x_2,y_2,z_2)$ 是空间两个任意点,那么向量 $\overrightarrow{M_1M_2}$ 的坐标是三数组 $(x_1-x_2,y_1-y_2,z_1-z_2)$.

▲■● 　课题,作业,问题

1. 　设 $A(0,0,1),B(3,0,2),C(-1,-1,-1),D(4,-3,0)$. 求 $\overrightarrow{AB}+\overrightarrow{CD},\overrightarrow{AB}+2\overrightarrow{BC}+3\overrightarrow{CD}+4\overrightarrow{DA}$.

2. 　已知棱柱 $ABCA_1B_1C_1$ 四个顶点的坐标是 $A(0,0,1),B(2,1,1)$,$A_1(3,0,-2),C_1(2,2,-1)$.求其余两个顶点的坐标.

3. 　已知平行六面体 $ABCDA_1B_1C_1D_1$ 四个顶点的坐标:

(1) $A(1,0,-1),B(2,-1,1),C(3,0,0),C_1(1,2,3)$.

(2) $A(-2,1,0),C(0,1,2),B_1(-3,1,0),D_1(-3,0,2)$.

求其余四个顶点的坐标.

4. 　对于上题的每一款(1)和(2)求:$\overrightarrow{AB}+\overrightarrow{CD},\overrightarrow{AA_1}+\overrightarrow{BB_1},\overrightarrow{AB_1}+\overrightarrow{BC_1}+\overrightarrow{CD_1}+\overrightarrow{DA_1}$.

5. 　通过下列向量:$m(1,1,0),n(1,0,1),p(0,1,1)$ 表示向量 $a(1,2,3)$.

6. 　给出平行六面体 $ABCDA_1B_1C_1D_1$.

(1) 通过 $\overrightarrow{AB},\overrightarrow{AD}$ 和 $\overrightarrow{AA_1}$ 表示向量 $\overrightarrow{AC_1},\overrightarrow{BD_1},\overrightarrow{CA_1},\overrightarrow{DB_1}$;

(2) 通过 $\overrightarrow{AC_1},\overrightarrow{BD_1},\overrightarrow{CA_1}$ 表示向量 $\overrightarrow{AB_1},\overrightarrow{AD}$ 和 $\overrightarrow{AA_1}$;

(3) 通过 $\overrightarrow{AB_1},\overrightarrow{AD_1},\overrightarrow{AC}$ 表示向量 $\overrightarrow{AC_1},\overrightarrow{AD}$ 和 $\overrightarrow{AA_1}$.

8.7　向量的数量积

我们想起在平面几何教程中给出的数量积的定义.

设 a 和 b 是两个向量,φ 是它们之间的角,则

$$a \cdot b = |a| \cdot |b| \cos \varphi$$

这里 $a \cdot b$ 是向量 a 和 b 的数量积.

由数量积的定义得出一个很重要的性质,在解各种问题时经常利用.

两个非零向量垂直当且仅当它们的数量积等于零.

数量积的性质

1. $a \cdot a = a^2 = |a|^2$.

2. $|a \cdot b| \leqslant |a| \cdot |b|$.

3. $a \cdot b = b \cdot a$.

4. $(xa) \cdot b = x(a \cdot b)$.

5. $a \cdot (b+c) = a \cdot b + a \cdot c$.

所有性质,除性质 5,都是显然的. 性质 5 在平面几何教程中引进的证明在空间几乎逐字逐句地保持. 我们记住它.

我们考察笛卡儿坐标系,它的轴 Ox 沿着向量 a 的方向,即在这个坐标系中,向量 a 具有坐标$(|a|,0,0)$.设在这个坐标系中,向量 b 和 c 具有对应的坐标(x_1,y_1,z_1) 和 (x_2,y_2,z_2).

我们发现,如果不管怎样的向量 m 在这个坐标系中具有坐标(x,y,z),那么 $x = |m| \cos \varphi$,其中 φ 是 a 和 m 之间的角. 这意味着

$$a \cdot m = |a| \cdot |m| \cos \varphi = |a| x$$

这样一来

$$a \cdot b = |a| x_1, a \cdot c = |a| x_2, a \cdot (b+c) = |a|(x_1 + x_2)$$

即

$$a \cdot (b+c) = a \cdot b + a \cdot c$$

由性质 3,4 和 5 推出,向量数量积中的括号可以按通常的法则展开. 特别地,如果在用向量 i,j,k 给出的笛卡儿坐标系中,向量 a 和 b 的坐标将是三数组 (x_1,y_1,z_1) 和 (x_2,y_2,z_2),其中 i,j,k 是两两垂直的单位向量,那么不难得出通过向量坐标表示数量积的公式,即

$$a \cdot b = (x_1 i + y_1 j + z_1 k) \cdot (x_2 i + y_2 j + z_2 k)$$

$$= x_1 x_2 \, i^2 + x_1 y_2 (i \cdot j) + \cdots + z_1 z_2 \, k^2 = x_1 x_2 + y_1 y_2 + z_1 z_2$$

这里我们利用了

$$i^2 = j^2 = k^2 = 1, i \cdot j = i \cdot k = j \cdot k = 0$$

我们确立这个公式再作为一个性质.

6. $a \cdot b = x_1 x_2 + y_1 y_2 + z_1 z_2$，其中 (x_1, y_1, z_1) 和 (x_2, y_2, z_2) 是向量 a 和 b 在笛卡儿坐标系中的坐标.

▲■●　课题，作业，问题

1.　求向量之间的角：(1)$a(-3,4,0)$ 和 $b(5,0,-12)$；(2)$a(1,2,3)$ 和 $b(2,3,4)$；(3)$a(-1,-2,3)$ 和 $b(1,-2,-3)$.

2(Π).　证明：向量 $n(a,b,c)$ 垂直于用方程 $ax + by + cz + d = 0$ 给出的平面.

3.　利用上题的结果，求平面之间的角：(1)$3x - 2y + z = 3$ 和 $2x + y - z = 1$；(2)$x + y + z + 1 = 0$ 和 $x - 2y - 3z = 0$.

4.　在平行六面体 $ABCDA_1B_1C_1D_1$ 中，已知：$AB = 2, AA_1 = 3, AD = 4$，$\angle BAD = 90°, \angle BAA_1 = 60°, \angle DAA_1 = 45°$. 求 AC_1.

5(B).　在立方体 $ABCDA_1B_1C_1D_1$ 中，求直线 AC_1 和 BD_1，AB_1 和 BC_1 之间的角.

6.　求棱为 1, 2 和 3 的长方体的对角线两两之间的所有的角.

7.　证明：对于空间任意的点 A, B, C 和 D 成立等式

$$\overrightarrow{AB} \cdot \overrightarrow{CD} + \overrightarrow{AC} \cdot \overrightarrow{DB} + \overrightarrow{AD} \cdot \overrightarrow{BC} = 0$$

8.　已知点 $A(1,2,3)$. 求在坐标轴上的点 K, N 和 M，使得直线 KA, NA 和 MA 两两垂直.

9(ТП).　由空间某个点引出四条射线. 证明：这些射线两两之间的所有角的余弦之和不小于 -2.

10(T).　证明：任意四面体的界面之间的所有二面角的余弦之和不大于 2.

11(T).　证明：三面角中，角的平分面之间的所有三个角，同时要么是锐角，要么是直角，要么是钝角.

第 9 章 *　　空间的运动

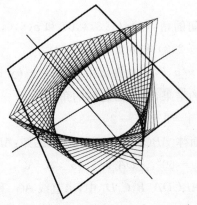

　　变换的理念,或者正如有时说的,对称不仅在几何学中,而且在全部现代数学中是一个重要的理念.几何学(不仅是几何学的)对象的许多性质,特别是不同的空间图形,借助于这个概念能方便地描述.

　　大家已经在几何学中碰到过对称的运用,那时在平面几何教程中学习过平面变换.不难了解,那时给出的变换的定义对于空间的情况可以逐字逐句地重复(无非"平面"一词用"空间"代换).

　　即我们将说,给出空间的变换,如果指出规则,任何点 A(空间的)对应某个点 A'(也是空间的).在这种情况说,点 A' 是点 A 的像,而点 A 是点 A' 关于考察的变换的原像.换言之,变换是给出的,如果对于每个点已知它的像,则此时不同点的像是不同的.

9.1　　运动的定义

　　在 9 年级的最后我们已经学习了平面运动,希望大家没有忘记那时给出的定义!正如在一般变换概念的情况,空间运动的定义逐字逐句地转述对于平面的类似定义,不同之处只是"平面"一词应当用"空间"一词代替.

定义 27

这样的空间变换叫作运动,它保持点之间的距离,即如果不管怎样的(任意的)两个点 A 和 B 由于运动变作点 A' 和 B',那么 $AB = A'B'$.

容易检验,任何运动变直线为直线,变平面为平面,变球面为球面,等等. 此时,相等的立体变为相等的立体.

空间的运动,正如平面的运动一样,具有下面重要的,尽管是显然的性质,我们将它简述为定理的形式.

定理 9.1

两个顺次空间的运动结果是空间的运动.

建议大家独立地检验这个命题的正确性,像在 9 年级我们做过的那样.

两个顺次运动的结果叫作运动的合成.

对于许多类型的空间运动不难找到"平面的对照",它们往往带有同样的本身的名称. 此时呈现,空间运动的某些形式,其自身的性质甚至定义与对应的平面运动完全类似. 作为例子,在空间恒等变换(即空间所有点的位置不动的变换)、平行移动或中心对称的定义与对于平面的类似的定义一致.

另一方面,某些类型的空间运动不具有在平面的类似. 不仅如此,甚至我们熟悉的运动,像中心对称或者关于直线的对称,也在空间获得新的性质. 我们将引进某些个例子.

9.2　绕轴的旋转和螺旋运动

我们记得,当我们定义在平面的旋转时,我们需要选取一个点作为旋转中心,绕着它我们聚集着平面的转动.

与此不同,在空间立体和图形的转动,不是围绕点,而是应当围绕直线.

于是,设给出直线 l 和量为 ω 的角(此时 ω 不仅可以是正数,也可是负数). 我们来这样假设,给出直线的方向(在图 9.1 中它用箭头表示),这是必要的,为的是选取旋转的方向. 在平面的情况,方向可以用指出的角的符号单值地给出,"+"号对应着逆时针的旋转. 在空间这是不充分的:在指出旋转哪一侧之前,应当选取我们在旋转轴上看到的方向. 须知如果看的是轴 l 箭头指出的侧面(见图 9.1),那么在图中用圆箭头表示的旋转将是

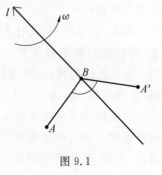

图 9.1

顺时针的,而眼光看相反的一侧同一个旋转自身将是逆时针的.

我们不是随机地选择在图中轴的方向的形式,在数学、物理和其他自然科学中起作用的是常用的规定好了的(在物理学中有时叫作"右手定则"),根据它绕轴旋转的方向这样选取:为了角 ω 的正值对应沿着时针的旋转,当看在轴上箭头的方向.

于是,我们最后给出了确定绕轴旋转的形式的定义.

定义 28

当作上面的假设时说,在绕轴 l 旋转角 ω 时点 A 变作点 A',如果由点 A 和 A' 引向 l 的垂线足重合,那么由这两个点到直线的距离(也就是,引向直线 l 的垂线长)相等,而由指出的点引向直线 l 的垂线之间的角,等于 ω(在此时所知的是,计算由射线 AB 对射线 $A'B$ 方向的角无论按方向还是量值都是一致的,参见图 9.1).

不难检验,对任意轴做任意角的旋转是运动.

在空间重要的广义的绕轴旋转是螺旋运动(在平面中是没有的!).

定义 29

绕轴旋转与沿着平行于旋转轴的某个向量 v 的平移的合成叫作螺旋运动.

不难说明,这些运动(旋转和平移)进行的次序,可以是任意的.实际上,设开始点 A 在沿着平行于轴 l 的向量 v 的平移下变作点 K.又设点 K 在围绕 l 转角为 ω 的旋转下变到 A'.则根据定义,点 A' 是点 A 在等于平移和绕轴旋转在指定次序下合成的运动的像.

我们考察点 L 是点 A 在围绕 l 转角为 ω 的旋转下的像(图 9.2).则显然,图形 $ALMKA'N$(参见图 9.2)是底面为 AML 和 KNA' 的直三棱柱(点 N 是由点 K 和 A' 引向 l 的垂线足).由此得出,点 A' 是点 L 在向量 v 下平移的像,也就是,A' 是点 A 关于等于旋转和平移合成的运动下的像(现在已经是先进行旋转,而后进行平移!).

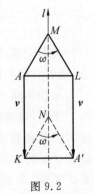

图 9.2

那么,容易明白,为什么这个空间变换叫作"螺旋旋转".想象,绕轴旋转和平移不是一个在另一个之后进行,而是同时进行.那么我们得到,正如扭紧(或者扭开,与 ω 的符号有关)的螺钉,它的轴同 l 重合.

在某种意义上在平面上类似的螺旋运动是滑动对称.实际上,如果它在空间的螺旋运动中的转角等于180°时,那么通过旋转轴的所有平面变作自身.容易明白,变换,它这样得到这些平面中任一个,不是别的,而是关于同样的轴和同样的向量的滑动对称.

9.3 中心对称和关于直线的对称

我们给出空间中心对称的定义.

定义 30

任何点 A 对应在直线 OA 上的点 O 另一侧的点 A',使得 $OA = OA'$ 的运动(此时点 O 成为不动的),叫作中心在点 O 的中心对称.

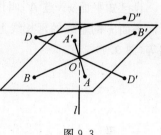

图 9.3

一方面,包含点 O 的任何平面在关于点 O 的中心对称下变作自身,同时这样得到的平面变换,不是别的,正是关于点 O 的中心对称. 另一方面,在空间中心对称的性质有力地区别于在平面上它的性质.例如,其中中心对称同绕中心180°角的旋转与平面不同,在空间的中心对称不是对任何角和轴的旋转. 为了确认这一点,我们考察图 9.3.

设点 O 是对称中心,点 A 变作点 A',

点 B 变作点 B'.如果存在绕轴的旋转同中心对称重合,那么这个轴是垂直于含有通过点 O 的直线 AA' 和 BB' 的 $\triangle AOB$ 的平面,此时角 ω 应当是等于180°. 然而围绕指出的轴 l 旋转180°变不在 $\triangle AOB$ 平面上的点 D 为在这个平面与 D 的同一侧的点 D''. 而关于点 O 的中心对称变点 D 为与平面 AOB 另一侧的点 D'.

在空间最接近在平面上的中心对称的是关于直线的对称,它的定义逐字逐句地转述对平面的对应定义. 尤其是,如果通过对称轴引进任意的平面,那么这个平面的所有的点还在这个平面上,且这样得到的平面变换,不是别的,这是关于直线的映射! 然而,不难明白,在空间关于直线的对称同绕着这条直线作180°的旋转是重合的.

9.4 镜面对称和滑动对称

尽管我们马上要引进镜面对称,但大家对它都很熟识,谁不止一次在镜子前面看发型呢. 那么我们考察,当我们看到浓密的发型,不是我们本身,而是我们的镜像,也就是,我们的身体,特别是我们的头部,关于映照在镜子表面的平面所对称的画像. 再三发觉这个对象有许多与我们显著区别的不真实的性质:我们的右手,这在镜面中我们的像是左手,完全相反. 所以有时在镜子前面不容易做甚至最简单的事情,翘起的一溜头发,它好像是处在右边,而实际上是在左边,等等.

我们现在给出关于平面对称的精确定义.

定义 31

设已知平面 π. 点 A′ 叫作点 A 关于平面 π 的对称下的像,如果它在由点 A 引向平面 π 的垂线的延长线上,且它到平面 π 的距离与点 A 到这个平面的距离相等(图 9.4).

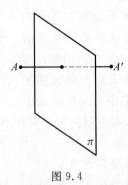

图 9.4

正如在平面上同样地精确,现在可以定义空间的滑动对称.

定义 32

表为关于平面的对称和平行于这个平面的向量的平移所合成的运动叫作滑动对称.

这个运动的性质完全类似于平面上同名运动的性质. 例如,正如在平面上,平移和对称合成的变换的次序可以任意取(这需要独立证明!). 但是现在作为滑动对称给出的向量,我们可以取平行于平面的任何向量,远非它们所有的彼此平行!

最后,还存在一种同镜面对称联系的空间变换的形式.

定义 33

螺旋(或旋转)对称是关于平面的映射和围绕垂直于这个平面的轴的旋转的合成.(正如前述,合成的次序没有差别)

很清楚,所有这三个运动彼此间不同:镜面对称是由保留未知的点所组成的平面;滑动对称没有非零向量这样的点,而螺旋只有一个(旋转轴同平面的交点).

我们考察镜面对称详细的性质. 我们从它的平面的类似物 —— 关于直线

的对称开始.

设非等腰的 $\triangle ABC$ 在关于某条直线(例如 AB)的对称下变为 $\triangle A'B'C'$. 现在想象, $\triangle ABC$ 由画中剪下. 我们能够放置它, 使得点 A 与点 A', 点 B 与点 B', 点 C 与点 C' 重合吗? 当然, 是的! 应当只绕着轴转动三角形的图形, 正如我们翻转书页一样(图 9.5).

而现在想象, 我们的画片三角形两面涂上不同的颜色, 例如白色和黑色. 我们能够这样放置我们的图形, 使得不仅点重合了, 而且图形仍是白色吗? 显然,

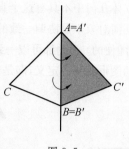

图 9.5

办不到. 失败的理由是什么? 我们注意考察图 9.5: $\triangle ABC$ 和 $\triangle A'B'C'$ 有什么区别? 这两个三角形相等, 但此时它们之间有不大的差异: 这两个三角形的第一个按顺时针绕边界点的次序是 $A-B-C$, 而第二个三角形在同样绕边界时得到次序 $A'-C'-B'$! 然而如果我们不翻转画面, 那么点的次序不变, 要使三角形一致, 而使得它们的颜色不改变, 是不可能的.

我们现在考察空间的类似物. 例如, 我们取棱锥 $ABCD$, 使得平面 ABD 垂直于平面 ABC(图 9.6). 设 $A'B'C'D'$ 是它关于平面 ABD 的镜像. 我们想象, 它是四面体 $ABCD$ 的石膏模型. 由此我们只是说, 关于平面的位置, 得出这个模型同四面体 $A'B'C'D'$, 即 $ABCD$ 的镜像, 使得所有同名的点(A 和 A', B 和 B' 以此类推)重合, 不能一致. 须知如果这是可能的, 则得到 $\triangle ABC$ 同 $\triangle A'B'C'$ 不用翻转就可以一致.

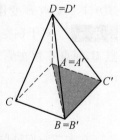

图 9.6

于是, 在与平面运动的区别, 不是所有空间运动能够实现作为在空间的模型图

形的移置. 所以,"运动变任意立体为与它相等"是空话,是的,相等图形的一般概念在立体几何中不具有这个直观的意义,它可以添加在平面上,即在空间表示连续移置的几何对象不是协调一致的. 所以通常认为,两个空间图形相等,如果它们无论怎样的(随便的)运动都可以一致,而与这个运动在连续移置能实现吗无关. 可以说根据空间图形相等的定义,即是在某个空间运动下能够重合的图形.

▲■● 课题,作业,问题

1. 设 $A'B'C'D'$ 是所有棱不同的四面体 $ABCD$ 在关于它的顶点 D 的对称下的像(因此,点 D' 同点 D 重合). 证明:四面体 $ABCD$ 和 $A'B'C'D'$ 不能连续移置为一致. 如果作为对称中心点 D 的位置取某个另外的点,命题仍然正确吗?

2. 利用给出的空间图形相等的定义确认,任何空间的运动变相等的空间图形重新相等.

3. 证明:出现在滑动对称定义中的平移和镜面对称可以任意取进行的次序.

4. 列举变为本身的空间运动:(1) 正四面体;(2) 立方体;(3) 正八面体.

5. 考察内接在立方体 $ABCDA'B'C'D'$ 内的四面体 $ACB'D'$. 怎样的空间运动变这个立方体为自身且变给出的四面体为自身?

6. 求平面方程,使得点 A 关于它的对称变为点 B. 如果:

(1)$A(0,0,0),B(1,1,1)$;

(2)$A(1,2,3),B(4,5,6)$.

7. 求旋转轴的方程和旋转角的度数,这个旋转使得点 $A(1,0,0)$ 变作点 $B(0,1,0)$,点 B 变作点 $C(0,0,1)$,又点 $O(0,0,0)$ 保持不动.

8. 对于在空间任意三个点 A,B 和 C,存在围绕某个轴的旋转,变点 A 为点 B,而点 C 留在原来的位置吗?

9.5 运动分解为镜面对称的合成

在本节我们证明下面的重要定理.

定理 9.2

任何空间的运动能够表示为不超过四个镜面对称合成的形式.

为此我们首先证明辅助的结果.

引理

任何空间的运动用不在一个平面上的四个点的像唯一的给出.

证明　我们考察不在一个平面上的四个点 A,B,C 和 D.

设点 A',B',C' 和 D' 是它们的像,刚好对应点 A,B,C 和 D(在相反情况,由于运动改变了由点 D 到平面 ABC 的距离).进一步,因为任何运动保持点之间的距离,那么任意点 D 在所考察的运动下的像位于中心分别在 A',B',C' 和 D' 半径为 AE,BE,CE 和 DE 的球面的交点.一方面,这个交点不是空的,因为它是点 E' 的位置.而另一方面,因为这些球的中心不在一个平面上,所以不能有多余一个公共点(这个结论的证明请独立完成).▼

现在我们证明定理 9.2.

证明　由于证明的结论充分指出,如果某个运动变四个点 A,B,C 和 D 分别为点 A',B',C' 和 D',那么可以找到不多于四个平面,关于它们对称的合成变点 A 为 A',B 为 B',C 为 C' 和 D 为 D'.首先我们考察通过线段 AA' 的中点且垂直于它的平面.关于这个平面的对称变点 A 为点 A'.如果在此时剩下的点 B,C,D 和 B',C',D' 可并存一致,那么此时我们结束证明.

在相反的情况,剩下的三个点中存在点,在考察的镜面对称下它的像不重合于条件所需要的.假设这是点 B(在必要的情况我们总能改换点的名称).我们考察垂直于线段 $B''B'$ 的平面(这里 B'' 标记在考察的镜面对称下 B 的像)且通过点 $A=A'$.这个平面通过线段 $B''B'$ 的中点,所以 $AB'=AB''$.关于这新的平面的对称保留点 A 的位置且变点 B'' 为 B'.

类似前述,如果当考察的两个对称的合成时,点 C 不变为 C',而变作某个点 C'',那么我们可以考察关于平面 $A'B'C'$ 和 $A'B'C''$ 所形成的二面角的平分面的对称,这个对称变 C'' 为 C',而不改变点 A' 和 B' 的位置.最后,如果点 D 的像在全部这些变换下不同 D' 重合,那么剩下应用关于平面 $A'B'C'$ 的反射.▼

证明的定理允许描写所有可能的空间运动形式,这恰似我们在 9 年级做过的那样.但是详细的证明类似的结果(甚至简单地列举四个平面的相互位置的所有可能的情况)在空间比在平面需要远大得多的力量.所以我们在这里不在引进它且只局限于讨论某些简单的情况.

9.6　两个镜面对称的合成

设 α 和 β 是两个给定的平面.我们应当刻画由两次镜面对称合成所得到的

运动:首先关于 α,而然后关于 β. 正如在平面上,得出个别考察我们的平面位置的两个可能的预案.(我们与读者一起比较本节的结果与在 9 年级最后给出的描述在平面上的两个轴对称的合成)

第一种情况:平面 α 和 β 平行(图 9.7).设开始的点 A 是空间不在平面 α 和 β 之间的任一点.假设这样,由 A 到平面 α 的距离 a,比平面 α 和 β 之间的距离 d 小(图 9.7(a)).

在所做的假设下,点 A 在关于平面 α 对称的像点 A',将在平面 α 和 β 之间,并且由它到平面 β 的距离将等于 $d-a$. 设 A'' 是 A' 关于 β 对称的像. 根据定义, A'' 是 A 在等于考察的镜面对称合成的运动下的像. 我们发现,第一,点 A,A' 和 A'' 在一条直线上,它是由点 A 向平面 α 引的垂线. 第二,点 A 和 A'' 之间的距离等于 $AA'+A'A''=2a+2(d-a)=2d$. 第三,我们发现,点 A'' 位于这条直线上点 A 的左侧(见图 9.7(a)).

我们现在考察另外的点 B,与平面 α 的距离 $b>d$ 并且在它的右边(图 9.7(b)),则 B'(B 在考察的第一个对称的像)将位于平面 β 的左边且与它的距离为 $b-d$. 在这种情况下,点 B 和 B'' 之间的距离(其中 B'' 是 B 关于对称合成下的像)将等于 $BB'-B'B''=2b-2(b-d)=2d$,也就是与前面相同,并且直线 BB'' 平行于 AA'',而点 B'' 仍旧位于点 B 的左边(参见图 9.7(b)).

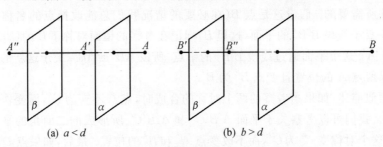

(a) $a<d$　　　　　(b) $b>d$

图 9.7

不复杂的检验,选择点位于在其余的所有情况(在两个平面之间或者在平面 β 的左面)同样成立. 这样一来,空间所有点变为沿着垂直于选取的平面的直线,在由 α 到 β 方向上同样的距离. 也就是我们证明了,关于平行平面的两个顺次的对称的合成是平行移动,平移向量的方向是垂直于所考察的平面,由第一个(事实上取合成的次序)平面到第二个平面,它的长度等于两个平面间距离的 2 倍.

我们发现,这,特别地,意味着关于任意两个彼此平行的,它们之间的距离等于 d 的平面 α 和 β 的反射的合成,给出同样的空间运动,它与我们考察的满足给定条件的是怎样一对平面无关.

第二种情况:平面 α 和 β 相交于直线 l 且形成的二面角的量值等于 φ. 设点 A 的位置正如图 9.8 所示. 设 AC 是由点 A 引向 α 的垂线, A' 是点 A 关于平面 α 对称的像, 而 CB 是由点 C 向直线 l 引的垂线. 由三垂线定理得出, 线段 AC 和 $A'C$ 垂直于直线 l. $\triangle ABC$ 和 $\triangle A'BC$ 相等(作为带有两条相等的直角边的直角三角形),因此,由点 A 到直线 l 的距离等于由点 A' 到直线 l 的距离. 同样地,由点 A 到直线 l 的距离等于由点 A 关于对称合成的像点 A'' 到这条直线的距离. 此时,

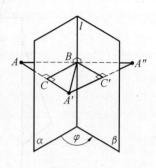

图 9.8

由点 A' 和 A'' 引向直线 l 的垂线足是同一个点 B. 因为线段 $C'B$ 和 CB 垂直于 l(这里 C' 标记由点 A' 引向平面 β 的垂线足),那么 $\angle CBC'$ 等于 φ. 由此我们得到,在考察的情况,有

$$\angle ABA'' = \angle ABA' + \angle A'BA'' = 2(\angle A'BC + \angle A'BC') = 2\angle CBC' = 2\varphi$$

与在平面平行的情况一样,必须考察点 A 关于两个平面位置的其他预案. 这些我们现在不做了,留给读者自己完成这些. 但是最后的答案现在已经清楚: 在空间关于相交的两个平面的两个顺次的镜面对称的合成是绕这两个平面交线的旋转,其旋转角等于这两个平面的二面角量值的 2 倍,方向是由所考察平面的第一个到第二个.

正如第一种情况那样,证明的论断意味着,所考察的沿着已知的相交直线交成已知角的每一对平面,对我们都一样. 镜面对称的合成总是等于同一个旋转.

9.7　两个旋转的合成

刚才证明的论断允许我们回答问题,绕着相交轴的两个旋转的合成等于什么.

设已知两条相交的直线:l 和 m. 我们求绕着这两条直线旋转角 φ 和 ψ 的旋转的合成(图 9.9).

根据刚才证明的论断,指出的第一个旋转可以表示为关于相交于直线 l 成角等于 $\dfrac{\varphi}{2}$(由第一个平面到第二个平面的角算出)的平面的镜面对称的合成. 因为这样的平面可以取任意的形式,所以可以认为,它们中的第二个同通过直线 l 和 m 的平面 π 重合. 同样地,由考察的第二个旋转可以表示为两个镜面对称合成

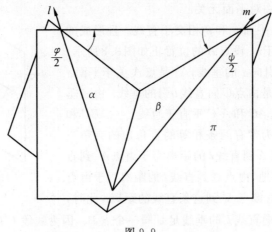

图 9.9

的形式,它们中的第一个将关于同样的平面 π 进行. 此时,第二个平面的位置用这个约定唯一的给出,它通过直线 m 且同平面 π 成角 $\frac{\psi}{2}$,如果认为是由 π 到它的方向(参见图 9.9).

设 α 和 β 分别是给出绕直线 l 旋转的第一个平面,和给出绕 m 旋转的第二个平面. 则考察的旋转的合成可以表示为四个顺次进行的镜面反射:关于 α,然后两次关于 π,最后关于 β. 但是关于同一个平面的连续的两个对称不改变空间任一点的位置. 因此,在求得的合成时关于它们可以忘记. 得到,关于相交轴的两个旋转的合成等于关于平面 α 和 β 两个镜面对称的合成. 因为这两个平面分别通过相交的直线 l 和 m,所以它们或者相交于通过直线 l 和 m 交点的某条直线,或者重合(则同平面 π 通过直线 l 和 m 的唯一的平面重合). 在第一种情况,根据在前节的证明,考察对称的合成等于绕着这条直线的旋转,旋转角等于 α 和 β 之间的角的 2 倍. 而在第二种情况意味着,考察的角 φ 和 ψ 是零.

最后得到的结果可以简述为:绕相交轴作非零角的旋转的合成等于绕通过两个轴的交点的直线旋转某个角. 我们发现,求这个旋转与平面情况的区别,作为轴的位置是充分复杂的.

9.8　绕异面直线的旋转的合成

首先,我们考察在空间的向量的集合. 正如已知,两个向量认为相等,如果它们同向平行且长度相等. 显然,任何运动变相等的向量为相等的向量. 所以当考察选定的变换或者另外在向量几何的运动,可以映射为相等的向量. 换言之,能够由彼此相等的向量集合中按照这个选取任意向量,不管哪里它变作,注定这个,变作与它相等的向量.

我们运用这个原则对于寻求考察的旋转的合成. 首先我们求围绕异面直线旋转的合成在向量集合上给出的变换. 正如已经说过的,我们所在彼此相等的向量族中选择任何向量. 例如,我们可以认为,每次我们的向量的始点在旋转轴上! 或者,同样地,我们可以围绕平行于给定的任何轴的向量改变同样的角. 这样一来,在向量集合考察的旋转的合成给出的变换,同围绕平行于给定的任意两个另外的轴转同样角的旋转的合成所给出的变换重合. 例如,可以考察相交的轴. 则正如前节所证明的,考察旋转的合成将等于围绕某条新轴的旋转.

我们考察这个轴. 平行于这个轴的方向的向量,变为自身. 因此,平行于指出方向的直线,变作同样的直线.

现在我们选取垂直于求得方向的平面. 因为任何运动保持所有的角,平行于这个平面的向量,变作平行于同一平面的向量. 根据上面所作向量的映射,可以认为,向量留在同一个平面. 正如我们知道,等于考察的旋转合成的变换,在向量的集合上同绕轴的旋转一致. 这意味着,在考察的平面上向量集合的变换不是别的,正是旋转! 但在这个平面的向量集合上的旋转所给出的平面变换,应当是围绕某个点的旋转.

设 A 是这个点. 通过点 A 垂直于考察平面的直线 l,当在考察的旋转的合成下变作平行于本身的直线(此时向量的方向,顺着这个向量的方向不改变). 但此时,根据 A 的选取,同指出的平面的交线 l 也不改变! 这意味着,这条直线变作自身.

唯一的非平凡的运动使直线不改变它的方向的是,平行移动平行于这条直线的向量(在运动下,直线,正像可以猜到,我们所指的是变换保持它的点之间的距离的直线). 顾及这个事实,在空间得到的向量集合的变换,是围绕平行于 l 的轴的旋转,我们得到下列结论:围绕异面轴的非零旋转的合成是螺旋状的运动.

最后,我们给出空间运动的所有存在形式的目录,简述它作为定理.

定理 9.3(空间运动的形式)

任何空间的运动可以唯一地表示为下列形式之一:绕某个轴的旋转,螺旋状的运动,关于某个平面的对称,滑动对称或者螺旋对称.

▲■● 课题,作业,问题

1. 求绕平行的直线转角为 φ 和 ψ 的两个旋转的合成等于什么.

2(T). 求两个螺旋状的运动的合成.

3. 证明:选取镜面对称和绕着垂直于对称平面的轴的旋转的次序,不影响合成的结果.

4. 中心对称属于由在定理9.3中列举的怎样的空间运动形式?

5. 求等于关于平面的镜面对称所合成的运动形式:

(1) $2x+5y=1$ 和 $2x+5y=5$;

(2) $z=0$ 和 $x+y=0$;

(3) $z=0$ 和 $y+z=0$;

(4) $z=0$ 和 $x+y=0$,再有 $z=0$ 和 $y+z=0$.

6. 在上题的条件中,求平移向量等于什么(如果对应的运动是平移)或者旋转角和旋转轴的方向等于什么(如果运动是绕轴的旋转).

7. 存 在 运 动,变 顶 点 为 $A(0,0,0)$,$B\left(\frac{2}{3},0,0\right)$,$C\left(0,\frac{2}{3},0\right)$,$D\left(0,0,\frac{2}{3}\right)$ 的四面体 $ABCD$ 为顶点为 $A'(1,1,1)$,$B'\left(\frac{1}{3},1,1\right)$,$C'\left(1,\frac{1}{3},1\right)$,$D'\left(1,1,\frac{1}{3}\right)$ 的四面体 $A'B'C'D'$ 吗? 在正确回答的情况写出这个运动.

8. 独立给出空间位似的定义. 证明:任何位似变任意立体为与它相似的立体.

9. 证明:在空间任何两个不重合的球面位似.存在多少个位似变它们的一个为另一个?

10. 求彼此互变的两个球面的位似中心和系数:

(1) $x^2+y^2+z^2=1$,$x^2+y^2+z^2=9$;

(2) $x^2+y^2+z^2=1$,$(x-5)^2+y^2+z^2=9$.

补充的问题和用于复习的问题

1. 仅利用剪刀在纸上制造图 1 所示的图形.

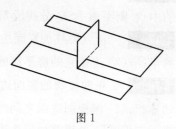

图 1

2. 自我介绍,你们偶然猜中的构想.用实际方便的方法测量方砖的对角线.(假设,你们有直尺或另外的工具,借助它们可以测量线段的长.需要没有任何计算的进行一次测量)

3. 作有不自交的六个线节的空间折线,通过立方体的所有顶点.

4. 放置八个不交的四面体,使得它们中任两个都接触非零面积的小片的表面.

5. 证明:六个不交的球体能够盖住点光源(这意味着,存在可能足够大的半径的球面,它的中心同光源位置重合,所以从里面完全没有照度).

6(T). 在平面上给出某个六面体 $ABCDA_1B_1C_1D_1$ 七个顶点的画像,它的所有界面都是四边形(图 2 界面标记像平行六面体一样). 在画像中作出第八个顶点 (A_1).

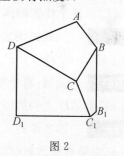

图 2

7. 立方体的截面可能是怎样的正多边形?

8. 求所有侧棱都等于 5,而高等于 4 的棱锥的外接球的半径.

9. 求与棱长为 a 的正四面体的外接球面和内切球相切的球的半径.

10. 正四面体中平行于它的界面且与内切球相切的平面分四面体的体积为怎样的比?

11. 在任意的四面体中通过它的三个界面的中线的交点的平面分四面体的体积为怎样的比?

12(II). 证明:如果三面角中的两个面角相等,那么它们所对的二面角相等.

13(T). 证明:如果三面角中的两个面角之和等于180°,那么它们所对的二面角之和也等于180°.

14. 圆锥的侧面展开是60°角的扇形.求圆锥轴截面的顶角.

15. 连接三棱柱 $ABCA_1B_1C_1$ 的底面中线交点的线段被平面 ABC_1 分为怎样的比?

16. 棱锥 $SABCD$ 的底面是平行四边形 $ABCD$,M 是 AB 的中点,N 是 SC 的中点.则平面 BSD 分线段 MN 为怎样的比?

17. 正六棱柱的底面边长和高都等于 a.求:(1)棱柱的体积;(2)外接球的半径;(3)连接它的底平面的相对顶点的直线之间的角.

18. 正四棱锥的底面边长等于 a,在底面的二面角等于60°.求:(1)棱锥的体积;(2)侧棱同底面之间的角;(3)相对侧面之间的二面角;(4)相邻侧界面之间的角;(5)外接球面的半径;(6)内切球面的半径;(7)底面对角线同联结棱锥的顶点和底面边的中点的直线之间的角和距离.

19. 正六棱锥的底面边长和高都等于 a.求:(1)棱锥的体积;(2)侧棱同底面之间的角;(3)底面的二面角;(4)相邻侧界面之间的二面角;(5)外接球面的半径;(6)内切球的半径.

20. 在棱锥的底面是直角边为 5 和 12 的直角三角形中,底面的二面角等于60°.求这个棱锥的体积,以及外接球和内切球的半径.

21. 三棱锥的底面是正三角形,棱锥的高等于 1.在底面的二面角有两个等于60°,一个等于120°.求这个棱锥的体积,以及外接球和内切球的半径.

22(Ⅱ). 证明:对于空间的任意点 A,B,C,D,联结 AB 和 CD 中点的线段不超过 BC 和 AD 之和的一半.

23. 四棱锥的底面是边为 2 的菱形,在底面的二面角等于60°,棱锥的高等于 h.求棱锥的体积(取决于 h).

24. 求与单位立方体的三个界面及它的内切球都相切的球的半径.

25. 同直棱柱的侧棱形成角 α 和 β 的两个平面截直棱柱的侧表面(两平面不同棱柱的底面相交).求得到的棱柱的截面面积之比.

26. 求与棱长为 a 的正四面体的三个界面及四面体的内切球相切的球面的半径.

27. 垂直于立方体的对角线且与它的内切球相切的平面分立方体的体积

为怎样的比?

28(T). 垂直于立方体的对角线且分这条对角线的比为 x 的平面,分立方体的体积为怎样的比?

29. 圆柱的底面是与单位立方体相对界面内切的圆.求通过立方体的不与圆柱的轴平行的两个相对的棱的平面交圆柱的截面的面积.

30. 求圆柱的体积,它的轴是单位正四面体的棱,而侧表面与四面体中的内切球相切.

31. 求圆锥的体积,它的轴是单位立方体的棱,而侧表面与这个立方体的内切球相切.

32. 正四面体的棱长等于 a,球面与它的所有棱都相切,球的表面分四面体的表面为某些部分.求得到的每部分的面积.

33(T). 边长为 a 的正四面体的一个顶点在圆柱的轴上,而剩下的顶点在它的侧表面上.求圆柱的半径.

34. 求圆柱的体积,它的轴是棱为 a 的立方体一个界面的对角线,而侧表面与相邻界面上和这条对角线异面的对角线相切.

35. 已知,棱为 a 的立方体 $ABCDA_1B_1C_1D_1$,M 是直线 CB_1 上的点.求 $\triangle A_1BM$ 面积的最小值.

36. 通过半径为 R 的球面的中心作三张两两垂直的平面.求位于这个球面上分别与所作平面上的大圆相切的圆的半径(换句话说,应当求内切于球面上形成的八个曲边三角形之一的圆的半径).

37. 点 A 和 B 位于在平面 α 的一侧.通过这两个点的球面与平面 α 相切于点 M.求点 M 的轨迹.

38. 三棱锥顶点的所有面角都是直角,而这个顶点引出的棱等于 a,b 和 c.求外接球和内切球的半径.

39. 棱锥 $ABCD$ 的体积等于 V.在棱 AB 上取点 K 和 M,使得 $KM = \frac{1}{3}AB$,又在棱 CD 上取点 P 和 Q,使得 $PQ = \frac{1}{5}CD$.求棱锥 $KMPQ$ 的体积.

40. 求体积等于 V 的两个相等的三棱锥公共部分的体积,它们中的每一个与另一个关于高的中点为对称.

41. 求棱为 a 的正四面体在平行于联结两个异面棱的中点的直线所在平面上的射影的面积,如果剩下的棱中的一个同这个平面形成的角为 α.

42. 能有这样的棱锥,它的对棱两两相等,其中两个棱长为 3,两个为 4,而剩下的两个棱长等于 5 吗?

43. 通过直角边为 3 和 4 的直角三角形的斜边作平面 p,且同三角形的平面成角 α. 这个三角形的直角边同平面 p 形成怎样的角?

44. 三棱锥的底面面积等于 s,而侧界面的面积等于 $s, 2s, 3s$. 已知在底面的二面角彼此相等. 求这些二面角.

45(Ⅱ). 设 $ABCD$ 是长方形,M 是空间中任意一点. 证明:$MA^2 + MC^2 = MB^2 + MD^2$.

46(T). 求长方形的面积,如果已知空间某个点到它的顺次排列的三个顶点的距离分别等于 3,5 和 4.

47(T). 在单位立方体 $ABCDA_1B_1C_1D_1$ 的棱 AB 上取点 K,使得 $AK = \frac{1}{3}$. 通过 K 和 A_1 作平面(区别于立方体的界面),切立方体的内切球并且交棱 AD 于点 M. 求 AM.

48. 球与四面体 $ABCD$ 的棱 AB, BC, CD 和 DA 相切. 证明:
(1)$^{(B)}$ $AB + CD = BC + AD$;(2)$^{(\text{TH})}$ 球与棱的切点在一个平面上.

49. 我们有单位立方体 $ABCDA_1B_1C_1D_1$. 求通过点 A, B, C_1 和 B_1C_1 中点的球面半径.

50. 在平行六面体 $ABCDA_1B_1C_1D_1$ 中,在直线 A_1B 和 B_1C 上取点 K 和 M,使得直线 KM 平行于 AC_1. 求 $KM : AC_1$.

51. 在圆柱的下底平面上引直线 l 与这个底面圆相切. 通过 l 作平面,同这个底面形成的角为 α 且不与上底面相交. 如果圆柱的底面圆的半径等于 r,求位于这个平面下部的圆柱部分的体积.

52. 在四面体 $ABCD$ 中,已知 $AB = 3, BC = 4, CD = 5, \angle ABC = 45°$,$\angle BCD = 90°$. 直线 AB 和 CD 之间的角等于 $60°$,求 AD.

53. 考察正四面体,它的一条棱同立方体的棱重合,而对棱的中点是立方体的中心. 证明:在立方体中还能安置两个同样的四面体,使得这三个四面体中任两个都不相交.

54(T). 证明:在木制的立方体中能够打个洞孔,使得同样大小的立方体能够通过它.

55. 在半径为 R 的球面中内接一个最大体积的圆柱体. 则它的体积等于

什么?

56. 求长方体体积的最大值,如果它的两个界面的周长等于 12 和 16.

57. 证明:由正四面体的中心到它的各顶点的向量之和等于零.

58(T). 证明:垂直于多面体的界面,方向在外侧且长度等于对应界面的面积数值的向量之和,等于零.

59(T). 存在多少个不同的正棱锥,使它的底面边长等于 26,又围绕侧界面的外接圆半径等于 15?

60(T). 在棱锥 $ABCD$ 中,已知 $AB = BC$,$\angle ABC = \alpha$,棱 DB 垂直于平面 ABC,棱 AC,CD 和 DA 上的二面角彼此相等. 求这些二面角.

61(T). 三棱锥的三条棱两两垂直且等于 1,2 和 3. 求与位于这个棱锥界面的全部四个平面相切的所有可能的球的半径.

62(T). 求棱长为 a 的正四面体,围绕通过它的对棱的中点的直线旋转所得到的立体的体积.

63(T). 三棱锥的所有界面都是直角三角形,最大的棱长等于 a,对棱的长等于 b,在最大棱上的二面角为 α. 求棱锥的体积.

64(T). 求平行六面体的体积,它的三条棱位于体积为 1 的三棱柱界面的三条异面的对角线上.

65(T). 在四面体 $ABCD$ 中的内切球,与界面 ABC 切于点 M. 证明:$\angle AMC$ 等于空间四边形 $ABCD$ 各角之和的一半.

66(T). 四面体的所有界面都是彼此相似的直角三角形. 求最大棱与最小棱的比.

67(T). 两条异面的且垂直的直线之间的距离等于 d. 点 A 和 B 在这两条直线的一条上的公垂线足的同一侧,且与这个公垂线足的距离为 a 和 b. 设 M 是另一条直线上的某个点. 求 $\angle AMB$ 的最大值.

68(T). 已知半径为 r 和 $R(r < R)$ 的两个同心球面. 圆柱的底面圆在这两个球面上,并且一个底面与小球面相切. 求圆柱的高.

69(T). 通过在二面角棱上的点 A 作平面,交一个界面于射线 AB,而交另一个界面于射线 AC. 我们考察与二面角的两个界面和平面 BAC 相切的,位于平面 BAC 不同侧的两个球面. 设 K 和 M 是这两个球面与一个二面角界面的切点. 证明:$\angle BAC = \angle KAM$.

70(T). 棱锥的底面是四边形,它的两条边等于 10,而另两条边等于 6. 棱锥的高等于 7. 侧界面同底面形成的角等于60°. 求棱锥的体积.

知识自我检测

下面 100 个命题的每一个要么对,要么不对. 在事先准备的表的方格中需要填写,如果你认为命题是对的话,就填"是";如果你认为命题是不对的,就填"不是";如果不能确定答案,在方格中就空白.

将自己的回答同最后引进的答案对照,答对一个得 1 点,在解答不对的情况需要扣除由选择的和数 2 点,成为空格,即 0 点. 如果达到多余 85 个点,则你的功课很好(5 分);71 ~ 85 个点,则你的成绩得到好评(4 分);46 ~ 70 点,则你的成绩满意,过得去(3 分).

整个检测需要 3 个小时. 可以按 5 ~ 10 分钟做某些间断(所有间断时间的和不超过 1 小时).

1. 对于空间任意三个点存在包含它们做唯一的平面.

2. 如果两条直线垂直于一个平面,那么这两条直线是平行的.

3. 如果两张平面垂直于第三张平面,那么这两张平面平行.

4. 如果四面体 A 整个放在四面体 B 的内部,那么四面体 A 所有棱长的和必定小于四面体 B 所有棱长的和.

5. 垂直于同一条直线的两条直线平行.

6. 如果四面体 A 整个放在四面体 B 的内部,那么四面体 A 的整个表面积小于四面体 B 的整个表面积.

7. 如果棱锥所有的侧棱彼此相等,那么在它底面的多边形能够有内切圆.

8. 在正四面体中内切球的半径是它的高的四分之一.

9. 如果三面角的两个面角等于120°和130°,那么它的第三个面角小于110°.

10. 存在三棱锥它的所有界面都是相等的直角三角形.

11. 通过立方体 $ABCDA_1B_1C_1D_1$ 的棱 AB 和 C_1D_1 的中点和它的中心作

平面,此平面与立方体的交为正六边形.

12. 通过立方体 $ABCDA_1B_1C_1D_1$ 中心和 AB 及 C_1B_1 的中点所作的平面的截面,是正六边形.

13. 正三棱锥的对棱是垂直的.

14. 在任意的正棱柱中能有内切球.

15. 围绕正棱柱能有外接球.

16. 圆锥所有母线的中点是一个圆.

17. 立方体外接球的体积是它所内切球体积的 $3\sqrt{3}$ 倍.

18. 三角形围绕它的高旋转所得到的结果是圆锥.

19. 给出圆锥被通过它的顶点引的平面的所有截面中,最大面积的永远是轴截面.

20. 立方体 $ABCDA_1B_1C_1D_1$ 的对角线 AC_1 垂直于平面 A_1BD.

21. 如果三棱锥内切球的半径等于 3 cm,那么表示这个内切球的体积的立方厘米的数和表示它的整个表面面积的平方厘米数相同.

22. 由棱为 2 的立方体的顶点到立方体内切球面上与它最近的点的距离等于 $\sqrt{2}-1$.

23. 如果直线 m 垂直于平面 α 上的直线 n,那么直线 m 在平面 α 上的射影也是垂直于 n 的直线.

24. 任意三面角的二面角的和小于360°.

25. 我们考察两个相等的正三棱锥,其中一个关于高的中点与另一个对称.则这两个棱锥的公共部分是平行六面体.

26. 在正棱锥中它的内切球与外接球的中心重合.

27. 如果直线 l 与位于平面 α 上的角的两边成等角,那么它在平面 α 上的射影平行于这个角的平分线.

28. 如果点 A,B,A_1 和 B_1 属于一个球面,而直线 AB 和 A_1B_1 相交于点 M,那么 $AM\cdot MB=A_1M\cdot MB_1$.

29. 通过任意正三棱锥的两条对棱的中点所引的直线垂直于这两条棱.

30. 如果直线 a 和 b 是异面的,直线 b 和 c 也是异面的,那么直线 a 和 c 是异面的.

31. 立方体的对角线与同它不相交的立方体界面的对角线垂直.

32. 在正多面体中内切球面与外接球面的中心重合.

33. 边长为 4 的正三角形在同三角形所在平面成 30° 角的平面上的射影的面积,等于 12.

34. 通过平行六面体由一个共同顶点引出的三条棱的端点(对这个顶点)的平面分它的体积的比为 1∶5.

35. 通过三棱锥三条棱的中点所作的平面分它的体积为 1∶7.

36. 如果在空间的某些直线两两相交,那么它们属于一个平面.

37. 平行于给定正四面体的两条相对棱的所有截面具有相等的周长.

38. 直线和平面之间的角等于直线和它在平面上射影之间的角.

39. 两条垂直的直线在平面上的射影是一对垂直的直线.

40. 在空间可以作六个不同的两两相切的球面.

41. 通过棱锥的三条棱的中点所作的平面平行于它的一个界面.

42. 任何三棱锥的画像具有带有对角线(其中一个是点画线)的四边形的样子.

43. 截球的平面分它的表面与它分垂直于这张平面的球的直径为相同的比.

44. 通过三棱锥三条棱的中点所作的平面,平行于这个棱锥的至少两条棱.

45. 存在三棱锥,它的三对对棱分别等于 3 和 3,4 和 4,5 和 5.

46. 如果两个球面的半径等于 R 和 r,而它们中心的距离等于 a. 那么位于不同球面上点之间的最小距离等于 $|a-(R+r)|$.

47. 如果多面体有 6 个界面,12 条棱和 8 个顶点,那么它的所有界面是四边形(例子是平行六面体).

48. 侧界面的面积等于 1,4 和 9 的长方体的体积等于 6.

49. 存在四棱锥,它的两个相对的界面垂直于底面.

50. 立方体在不平行于它的任何一个界面的平面上的射影,具有六边形的形式.

51. 长为 $\sqrt{15}$ 的线段可以这样在空间放置,使得它在三条给定的两两垂直的直线上的射影等于1,2 和 3.

52. 在空间给出两条异面直线. 总能作两张平行的平面,包含这两条直线.

53. 在空间能够作出四条两两垂直的直线.

54. 如果三棱锥的侧界面同底面的平面形成相等的角,那么棱锥顶点在底面的射影是底面内切圆的中心.

55. 棱锥的体积是同底面同高的棱柱体积的三分之一.

56. 如果由线段的端点到某个平面的距离等于3和5. 那么由这条线段的中点到同一平面的距离等于4.

57. 如果棱锥的所有侧棱同底面的平面形成相等的角,那么在这个棱锥的底面的多边形有外接圆.

58. 对任意的 a 方程 $x^2 + y^2 + z^2 + x + y + az = 0$ 给出一个球面.

59. 棱长为 1 的正四面体的高等于 $\dfrac{2}{\sqrt{6}}$.

60. 正四面体的二面角的余弦值等于 $\dfrac{1}{4}$.

61. 如果某条直线同三条两两垂直的直线所形成的角为 α, β, γ,那么 $\sin^2\alpha + \sin^2\beta + \sin^2\gamma = 2$.

62. 存在六个界面的非凸的多面体.

63. 四棱锥的面角和等于900°.

64. 某个角在平面上的射影永远是角,它的度数小于原来的度数.

65. 某个角在平面上的射影永远是角,它的度数不小于原来的度数.

66. 两个向量的数量积是正的量.

67. 如果棱锥的所有侧棱相等,底面的二面角相等,那么这个棱锥是正棱锥.

68. 正四棱锥 $SABCD$($ABCD$ 是底面) 的外接球的半径,等于 $\triangle ACS$ 外接圆的半径.

69. 如果正五棱锥底面的面积等于 5,而侧界面的面积等于 2,那么在底面的二面角等于60°.

70. 方程 $2x - 3y + z - 3 = 0$ 和 $3x + y - 3z + 1 = 0$ 给出两张垂直的平

面.

71. 如果三棱锥的侧棱两两垂直,那么这个棱锥的外接球面的中心在它底面的平面上.

72. 点 $A(3,-1,2)$ 和 $B(-1,2,3)$ 之间的距离等于 5.

73. 如果棱锥的高等于 3,在底面的二面角等于 $60°$,那么它的体积大于 9.

74. 正方形围绕不在它所在的平面,平行它的两条对边且与这两边等远的直线旋转,所得到的结果为圆柱的侧表面.

75. 在正四棱锥 $SABCD$($ABCD$ 是底面)的内切球的半径,等于 $\triangle ACS$ 内切圆的半径.

76. 存在正三棱柱,它可以有半径为 1 的内切球,而它的底面的面积小于 5.

77. 如果凸四面角的面角按环绕顺序分别等于 $40°,70°,80°$ 和 $50°$,那么存在与这个四面角所有界面都相切的球.

78. 正四棱锥在侧棱上的二面角是钝角.

79. 沿着立方体的表面由它的一个顶点到相对的顶点恰存在两条不同的路径,此路径具有最小的长度.

80. 如果三个半径为 3 的球和一个半径为 1 的球两两彼此相切,那么存在与所有四个球都相切的平面.

81. 如果正六棱柱底面的边长等于 2,又侧界面的面积等于 4,那么它的体积等于 $12\sqrt{3}$.

82. 存在正六棱锥,它在侧棱的二面角等于 $100°$.

83. 如果三棱锥一个顶点引出的三条棱等于 1,2 和 3,那么它的体积不超过 1.

84. 两条垂直且异面的直线之间的距离等于 2,在一条上取长为 3 的线段,在另一条上取长为 6 的线段.以这两条线段的端点为顶点的四面体的体积等于 6.

85. 如果在体积等于 24 的四面体 $ABCD$ 的棱 DA,DB 和 DC 上取点 K,L 和 M,使得 $2DK=DA,3DL=DB,4DM=DC$,那么四面体 $KLMD$ 的体积等于 1.

86. 如果在已知棱锥中可以有内切球,那么它的体积等于 $\frac{1}{3}Sr$,其中 S 是棱锥侧表面的面积,r 是内切球的半径.

87. 我们考察平行六面体 $ABCDA_1B_1C_1D_1$. 棱锥 $ABDA_1$ 的体积是棱锥 A_1DBC_1 体积的二分之一.

88. 如果在四面体 $ABCD$ 中,界面 ABC 和 ACD 的面积相等,那么棱为 AC 的二面角的平分面平分棱 BD.

89. 我们考察与长为 1 的某条线段的点的距离不大于 1 的空间中的所有点. 被这些点充满的立体的体积等于 π.

90. 如果圆柱和圆锥的底面相等,而圆锥的母线长是圆柱母线长的 2 倍,那么它们的侧表面的面积相等.

91. 由围绕边为 2 的正三角形的一条边旋转所得到的立体的体积等于 2π.

92. 如果多面体的所有界面是相等的正多边形,那么这个多面体是正多面体.

93. 四棱锥的底面是边长为 4 和 5 的长方形,棱锥的高等于 3 且通过底面的一个顶点. 在这个棱锥中能够安放的最大球的半径是 1(允许球与界面相切).

94. 在任意三棱锥中至少有一条高交相对界面于内点.

95. 联结三棱锥对棱中点的线段交于一点.

96. 包含三棱锥高的直线相交于一点.

97. 在半径为 R 的球面的表面上可以选取三个点 A,B 和 C,使得 $\angle ACB = \alpha$ 且 $\dfrac{AB}{\sin \alpha} > 2R$.

98. 可以在空间这样放置四个球,使得任意三个球具有公共点,而全部四个球不具有公共点.

99. 对于任意三棱锥存在与它所有棱相切的球面.

100. 四条不同的直线,它们每一条垂直于三棱锥的一个界面且通过这个界面的外界圆的中心,这四条直线相交于一点.

知识自我检测参考答案

1	不是	21	是	41	不是	61	是	81	是
2	是	22	不是	42	不是	62	是	82	不是
3	不是	23	不是	43	是	63	不是	83	是
4	不是	24	不是	44	是	64	不是	84	是
5	不是	25	是	45	不是	65	不是	85	不是
6	是	26	不是	46	不是	66	不是	86	不是
7	不是	27	不是	47	不是	67	是	87	是
8	是	28	是	48	是	68	是	88	是
9	是	29	不是	49	是	69	是	89	不是
10	不是	30	不是	50	是	70	是	90	是
11	不是	31	是	51	不是	71	不是	91	是
12	是	32	是	52	是	72	不是	92	不是
13	是	33	不是	53	不是	73	是	93	是
14	不是	34	是	54	不是	74	不是	94	不是
15	是	35	不是	55	是	75	不是	95	是
16	是	36	不是	56	不是	76	不是	96	不是
17	是	37	是	57	是	77	是	97	不是
18	不是	38	不是	58	是	78	是	98	是
19	不是	39	不是	59	是	79	不是	99	不是
20	是	40	是	60	不是	80	是	100	是

部分答案和提示

10 年级

引言

1.由火柴作成立方体. 3.棱数可以是 9 或 8. 7.存在. 我们取六棱柱且通过一个底面的大对角线作不与另一个底面相交的平面. 由形成的多面体中的一个具有 19 条棱,称为所需要的例子. 9.能. 我们考察三棱锥,在它的一条棱上取两个点,过这两个点作平面,这两张平面从原来的三棱锥上切掉两个小三棱锥,剩下的多面体有 8 个顶点,12 条棱,6 个面中有三角形、四边形、五边形各两个,满足有的界面边数不等于 4 的条件.另外,要求六面体的四个面是三角形两个面是六边形,这样的六面体是不可能的. 10.能. 取多面体并且多次进行问题 9 中的操作.

1.1 2. 1,4,无穷多.

1.2 5. 通过由(任意)一条线段 AM 的中点平行于 α 的平面. 6. 通过一条考察的线段的中点平行于已知平面的平面. 11. 90°. 12. 1:2. 13. 1:2.

14. 1:3. 15. 2:5. 17. 不能. 18. 1:3. 20. $\dfrac{3}{2}$.

1.3 1.最小角 α 和 $180° - \alpha$. 3. 60°. 4. $\arcsin \dfrac{4}{5}$. 5. 90°. 6. 60°.

1.4 4. $\sqrt{3}$. 5. $\sqrt{\dfrac{11}{8}}$. 8. 2 或 1. 9. 可能有四种情况:$6, \dfrac{8}{3}, 2, \dfrac{4}{3}$. 11. 可能有下列的值:3,1,9,7. 14. 1.

1.5 3. $\sqrt{b^2 - a^2}$. 6. 3. 9. $4 \pm \sqrt{7}$. 10. r. 12. $\sqrt{\dfrac{2}{3}}$. 15. $\arccos \dfrac{1}{2\sqrt{3}}$.

16. $\arccos \dfrac{1}{6}$ 和 $\arccos \dfrac{2}{3}$.

1.6 1. $\arccos \sqrt{\dfrac{2}{3}}$. 2. $d\cos \alpha$. 3. $\dfrac{a}{b\sqrt{3}}$. 5. 圆. 6. 垂直于 Π 且通过平面

167

ABC 外接圆的中心.　7. $\dfrac{a}{2}\tan\alpha$.　8. 30°.　9. $\arctan\sqrt{2}$.

1.7　1. $a\sin\alpha$.　2. 不一定.　3. $a\cot\alpha$.　5. 90°.　6. 角 α 与 $\pi-\alpha$ 中较小者.

7. $\dfrac{3l^2\sqrt{3}}{2}\cos\alpha$.　8. $\dfrac{30\sqrt{6}}{7}$.　9. $d\cos\alpha$ 或 $\dfrac{d}{3}\cos\alpha$.　10. $\dfrac{\pi}{6}$.　11. $\dfrac{Q^2}{S}$.

12. $\arccos\dfrac{1}{3}$.　13. $\arccos\dfrac{a}{\sqrt{3(4b^2-a^2)}}$　或　$2\arccos\dfrac{b}{\sqrt{4b^2-a^2}}$.

16. $\dfrac{2}{\pi}\sqrt{\pi^2-1}$.　17. 60°.　18. 三个 90° 的角，两个为 60°，一个为 45°.

19. $\dfrac{1}{2}(\sqrt{S^2+8Q^2}-S)$.　20. (1) $\cos\alpha=\dfrac{S_1}{Q}$, $\cos\beta=\dfrac{S_2}{Q}$, $\cos\gamma=\dfrac{S_3}{Q}$.

2.2　2. $\dfrac{1}{2}$.　3. $\dfrac{1}{2}$.　4. $\dfrac{ab}{a+b}$.

2.3　1. 5，99.

2.4　1. 720°.　2. α，90°，90°.　3. 60°.　4. (1) 由 30° 到 170°；(2) 由 20° 到 80°.

5. 4.　7. 12.　9. 110°，25°，45°.　10. $\arccos\dfrac{1}{\sqrt{3}}$.　13. 不对.

14. $\pi-\alpha$，$\pi-\beta$，$\pi-\gamma$ 和 $\pi-A$，$\pi-B$，$\pi-C$.　17. 不. 例子是三面角，它的两个面角是直角，而第三个足够的小.　20. 3 600°.

2.5　1. $\sqrt{b^2-h^2}$.　2. $\arccos\dfrac{1}{3}$.　3. $\sqrt{\dfrac{2}{3}}a$.　4. 三种：三角形、四边形和五边形.　6. $\sqrt{l^2-\dfrac{1}{4}(a^2+b^2)}$.　8. 6.　9. 2.　10. 99^2.　11. $\dfrac{\sqrt{3}}{3}$.　12. 3，$k=\dfrac{1}{\cos\dfrac{\pi}{2n}}$，其中，$n=3,4,\cdots$.　13. $S\cos\alpha$.　14. $3\sqrt{3}h^2\cot^2\alpha$ 或者 $\dfrac{\sqrt{3}}{3}h^2\cot^2\alpha$.

15. 1，6，2，3.　16. $\sqrt{b^2-\dfrac{a^2}{3}}$，$\arccos\dfrac{2b^2-a^2}{4b^2-a^2}$.　17. $\dfrac{5}{3}a$.　18. 所得到的多面体是立方体.　19. $\arccos\left(\tan\dfrac{\alpha}{2}\cdot\cot\dfrac{\pi}{n}\right)$.　20. $\dfrac{2}{3}$.　21. $\dfrac{1}{2}\sqrt{\dfrac{5}{3}(S^2+Q^2)}$.

22. $\arccos\dfrac{S}{nQ}$.　23. 2 : 1.　24. 2 : $\sqrt{3}$.　25. 一个.　26. 存在.　28. 30° < $\angle ASC$ < 70°，60° < $\angle BSD$ < 90°.　30. $\dfrac{ab}{4}$.　31. $\dfrac{a^2}{2}$.　32. 60° 或 36°.

33. $2\sqrt{6}-\sqrt{3}$.

2.6　3.(1) 棱锥;(2) 棱柱.　4. $\sqrt{3}$.　6. $\sqrt{\dfrac{3}{2}}$.　7. $2\arctan\dfrac{2}{5}$, $2\arctan\dfrac{3}{2\sqrt{5}}$,

$2\arctan\dfrac{\sqrt{13}}{5}$.　8. $\sqrt{14}$.　9. $\sqrt{5}$.　11. 对于平行六面体 $ABCDA_1B_1C_1D_1$ 来说

给出棱锥 $ABCC_1$ 和 $DD_1A_1B_1$.　13. $\sqrt{\dfrac{1}{2}(m^2+n^2+p^2)}$.　15. $1:2$.

18.(1) 由 $\dfrac{ah}{\sqrt{a+h\sqrt{2}}}$ 到 $\dfrac{ah}{a+h}$;(2) $\dfrac{ah\sqrt{3}}{a\sqrt{3}+(2+\sqrt{3})h}$.　19.(1) $2\arctan\dfrac{a}{\sqrt{b^2+c^2}}$,

$2\arctan\dfrac{b}{\sqrt{a^2+c^2}}$ 和 $2\arctan\dfrac{c}{\sqrt{a^2+b^2}}\left(或\ \pi-2\arctan\dfrac{c}{\sqrt{a^2+b^2}}\right)$;

(2) $\arccos\dfrac{b^2-a^2}{\sqrt{(a^2+b^2+c^2)(a^2+b^2)}}$;　(3) $\arccos\dfrac{a^2}{\sqrt{a^2+b^2}\sqrt{a^2+c^2}}$.

20. $\sqrt{\dfrac{a^2}{4}+\dfrac{b^2}{4}+c^2}+\sqrt{\dfrac{a^2}{4}+b^2+\dfrac{c^2}{4}}+\sqrt{a^2+\dfrac{b^2}{4}+\dfrac{c^2}{4}}$.　21.(1) A 和 C_1;(2) 两

个点分 AC_1 为三个相等的部分.　22. $4\dfrac{1}{2}$.　23. $\dfrac{2}{1+\sqrt{3}\cot\dfrac{\alpha}{2}}$.　26. $\dfrac{h}{3}$ 和 $\dfrac{2h}{3}$.

27. 棱锥的公共部分是平行六面体,它的表面面积等于 $\dfrac{4}{3}S$.　28. 当

$a^2+b^2\geqslant c^2$ 时,可能有两个答案:b 和 c;在其余的情况有一个答案:b.

30. $\sqrt{a^2b^2+b^2c^2+c^2a^2}$.

3.2　1. $\sqrt{l^2-h^2}$,$h\sqrt{l^2-h^2}$.　3. $120°$.　4. 5π.　5. $\dfrac{\sqrt{-\cos 2\alpha}}{\sin^2\alpha}$.　6. $\dfrac{\sqrt{15}}{\sqrt{7}}$.

7. $4\sqrt{3}\pi$.　8. $\dfrac{a^2\sqrt{3}}{6}$.　9. $\dfrac{\pi r^2}{\cos\alpha}$.　10. $a(\sqrt{4h^2-a^2}-2h)$.　11. $a(\sqrt{4h^2+a^2}-h)$.

13. $150°$.　14. $r\sqrt{4h^2+\pi^2r^2}$.

3.3　1. 2.8 或 14.　2.(1) $\dfrac{\sqrt{3}}{3}$;(2) $\sqrt{3}$.　3. $\dfrac{1}{4}$.　4. 在平面不同侧的两个圆.

5. 平行于二面角棱的直线且属于它的角平分面.　6. 半径为 $2\sqrt{Rr}$ 的两个圆和半

径为 $2\sqrt{Rr}\,\dfrac{R}{R+r}$ 的圆.　8.(1) $\sqrt{7}-\sqrt{5}$;(2) $\sqrt{7}+\sqrt{5}$;(3) $\sqrt{7}+\sqrt{5}$.　9.(1)2;

(2)8;(3) 若 $x<\dfrac{11}{4}\sqrt{3}$,则存在 8 张平面,若 $x=\dfrac{11}{4}\sqrt{3}$,则存在 5 张平面,若 $x>$

$\dfrac{11}{4}\sqrt{3}$，则存在 2 张平面；(4)6.

3.6　1. $\dfrac{\sqrt{6}}{4}a,\dfrac{\sqrt{6}}{12}a$.　2. $\dfrac{2R}{\sqrt{3}}$.

4. (1)① $\dfrac{b^2}{\sqrt{4b^2-2a^2}}$，② $\dfrac{b^2\sqrt{3}}{2\sqrt{3b^2-a^2}}$，③ $\dfrac{b^2}{2\sqrt{b^2-a^2}}$；

(2)① $\dfrac{a\sqrt{b^2-\dfrac{a^2}{2}}}{a+\sqrt{4b^2-a^2}}$，② $\dfrac{a\sqrt{3b^2-a^2}}{a\sqrt{3}+3\sqrt{4b^2-a^2}}$，③ $\dfrac{a\sqrt{3(b^2-a^2)}}{a\sqrt{3}+3\sqrt{4b^2-a^2}}$；

(3)① $\dfrac{a(2b-a)}{2\sqrt{b^2-a^2}}$，② $\dfrac{a(2b-a)}{2\sqrt{3b^2-a^2}}$，② $\dfrac{a(2b-a)}{2\sqrt{b^2-a^2}}$；

(4)① $\dfrac{a(2b+a)}{2\sqrt{b^2-a^2}}$，② $\dfrac{a(2b+a)}{2\sqrt{3b^2-a^2}}$，③ $\dfrac{a(2b+a)}{2\sqrt{b^2-a^2}}$；

(5)①$a\dfrac{\sqrt{2b^2-a^2}}{a\sqrt{2}+2b}$，②$\dfrac{a\sqrt{3b^2-a^2}}{a\sqrt{3}+3b}$，③$a\sqrt{\dfrac{b-a}{b+a}}$.

5. $\dfrac{hr}{r+\sqrt{h^2+r^2}}$，$\dfrac{r}{h}(\sqrt{h^2-r^2}-r)$.　6. $2-\sqrt{2}$.　7. $\dfrac{1}{2}\sqrt{h^2+\dfrac{a^2}{\sin^2\dfrac{\pi}{n}}}$.　8. $\dfrac{\sqrt{3}}{3}$.

9. $4S$.　10. 若 $0\leqslant a<1$，则棱长为$\dfrac{\sqrt{6-2a^2}\pm2a}{3}$；若 $a=1$，则棱长为 $\dfrac{4}{3}$；若

$1<a\leqslant\sqrt{3}$，则棱长为$\dfrac{2a\pm\sqrt{6-2a^2}}{3}$.

11.　$\dfrac{1}{2}\sqrt{4R^2-h^2}$.　12.　$\dfrac{1}{2}\sqrt{4r^2+h^2}$.　13.　$\dfrac{a}{2}$.　14.　$\dfrac{\sqrt{2}rh}{h+r\sqrt{2}}$.

15. $\dfrac{1}{2}R(\sqrt{3}-1)$ 或者$\dfrac{1}{2}R(\sqrt{3}+1)$.　16. $\dfrac{a}{2}(\sqrt{3}-\sqrt{2})$.　17. $\dfrac{1}{4}$.　18. $R\left(\dfrac{\sqrt{6}}{2},1\right)$.

19. $2-\sqrt{3}$.　21. $\dfrac{1}{2}(\alpha-\beta+\gamma)$.　22. $\dfrac{1}{2}(x+y-z)$.　23. $\dfrac{|\alpha-\beta|}{2}$.

25. $\dfrac{l}{2\sqrt{\cos\alpha}}$.

4.1　1. $\arccos(-\cos^2\alpha)$.　2. 所有的五个球具有相等的半径$\dfrac{1+\sqrt{2}-\sqrt{3}}{4}a$.

3. $\dfrac{a}{2(\sqrt{6}+1)}$.　4. $\sin\alpha+\cos\alpha$.　5. $\dfrac{\sqrt{3}-1}{4}$.　6. $\dfrac{\sqrt{5}-1}{\sqrt{15}}a$.

4.2　1. $\sqrt{3}$，$\sqrt{\dfrac{2}{3}}$．　2. 2：3．　3. 120°．　4. 1：3．

4.3　1.(1) 90°，$\dfrac{1}{\sqrt{6}}$，1：1 和 1：2．(2) $\arccos\dfrac{1}{\sqrt{10}}$，$\dfrac{1}{3}$；7：2(由顶点 A)，公垂线足

在 CM 延长线上与点 M 的距离等于 $\dfrac{1}{9}CM$；(3) $\arccos\dfrac{1}{\sqrt{10}}$，$\dfrac{1}{3}$；2：7(由顶点 A)，

8：1(由顶点 C)；(4) 45°，$\dfrac{1}{3}$；4：1(由顶点 A)，8：1(由顶点 D)．(5) $\arccos\dfrac{1}{\sqrt{26}}$，

$\dfrac{1}{\sqrt{26}}$；11：15(由顶点 A)，6：7(由顶点 D)．

2.(1) $\arccos\dfrac{1}{2\sqrt{3}}$，$\sqrt{\dfrac{2}{11}}$；3：8(由顶点 A)，1：10(由顶点 M)；

(2) $\arccos\dfrac{1}{6}$，$\sqrt{\dfrac{2}{35}}$；18：17(由顶点 C)，32：3(由顶点 D)；

(3) $\arccos\dfrac{2}{3}$，$\dfrac{1}{\sqrt{10}}$；3：2(由顶点 C)，1：10(由顶点 B)．

3. $\dfrac{\sqrt{2}}{4\sqrt{3}}(\sqrt{3}-1)$，$\dfrac{\sqrt{2}}{4}(\sqrt{3}+1)$，$\dfrac{\sqrt{2}}{4\sqrt{3}}(\sqrt{3}+1)$，$\dfrac{\sqrt{2}}{4}(\sqrt{3}-1)$．

4. $\arcsin\dfrac{\sqrt{H^{2}+R^{2}}\,\sqrt{h^{2}+R^{2}}}{R\sqrt{H^{2}+h^{2}+R^{2}}}$，$\dfrac{(H+h)R}{\sqrt{H^{2}+h^{2}+R^{2}}}$．

4.5　1. 1．　2. $\sqrt{5}$，$\dfrac{\sqrt{13}}{2}$．　3. $2b\sin 2\alpha$，当 $\alpha<\dfrac{\pi}{4}$ 时问题有意义．　4. $2\sqrt{3}$．

5. $\sqrt{\pi^{2}r^{2}+h^{2}}$．　6. 当 $\alpha\geqslant\dfrac{\pi}{2}$ 时，最短路径为 $\sqrt{(a^{2}+b^{2})+2ab\sin\alpha}$；当 $\alpha<\dfrac{\pi}{2}$

时，最短路径为 $a+b$．

4.6　$\sqrt{\dfrac{a^{2}+b^{2}+c^{2}}{8}}$，$\dfrac{abc}{\sqrt{a^{2}b^{2}+b^{2}c^{2}+c^{2}a^{2}}}$．

4.7　1. $\dfrac{R}{3}$．　2. $\dfrac{\sin^{2}\dfrac{\alpha}{2}}{1+\cos^{2}\dfrac{\alpha}{2}}$．　3. $a\left(1-\dfrac{\sqrt{3}}{2}\right)$．　4. $\dfrac{2\sqrt{2}}{3}$．

5. 当 $0<r<\dfrac{\sqrt{10}-2}{4}$ 和 $r>\dfrac{\sqrt{5}+1}{2}$ 时，总存在 8 个相切的球半径为 $\dfrac{1}{r}$ 和 $\dfrac{1}{2r}$(各

4 个)；而当 $r=\dfrac{\sqrt{10}-\sqrt{2}}{4}$ 时，将有 4 个球半径为 $\dfrac{1}{r}$，3 个球半径为 $\dfrac{1}{2r}$；而当 $r=$

$\dfrac{\sqrt{5}+1}{2}$ 时,将有两个球半径为 $\dfrac{1}{r}$,4 个球半径为 $\dfrac{1}{2r}$;当 $\dfrac{\sqrt{10}-\sqrt{2}}{4}<r<\dfrac{\sqrt{5}-1}{2}$ 时,将有 4 个球半径为 $\dfrac{1}{r}$,两个球半径为 $\dfrac{1}{2r}$;当 $r=\dfrac{\sqrt{5}-1}{2}$ 时,各有两个球半径为 $\dfrac{1}{r}$ 和 $\dfrac{1}{2r}$;当 $\dfrac{\sqrt{10}+\sqrt{2}}{4}<r<\dfrac{\sqrt{5}+1}{2}$ 时,将有 4 个球半径为 $\dfrac{1}{2r}$;当 $r=\dfrac{\sqrt{10}+\sqrt{2}}{4}$ 时,将有 3 个球半径为 $\dfrac{1}{2r}$;当 $\dfrac{\sqrt{5}-1}{2}<r<\dfrac{1}{\sqrt{2}}$ 和 $\dfrac{1}{\sqrt{2}}<r<\dfrac{\sqrt{10}+\sqrt{2}}{4}$ 时,将有两个球半径为 $\dfrac{1}{2r}$;当 $r=\dfrac{1}{\sqrt{2}}$ 时问题无解. 6. $\dfrac{\sqrt{21}\pm3}{4}R$. 7. $2+\sqrt{3}$. 8. 6.

10. 能. 例子如下:我们考察由 27 个单位立方体组成的 $3\times3\times3$ 的立方体. 取中心的单位立方体且作与它的所有棱相切的球. 对同中心的立方体有公共棱的 12 个单位立方体的每一个我们作同样的球.

11 年级

5.3　1. $\sqrt{PQL}$.　2. $\dfrac{d^3\sqrt{2}}{8}$.　3. $d^3\sin\alpha\sin\beta\sqrt{1-\sin^2\alpha-\sin^2\beta}$.　4. $\sqrt{6}$.

5. $\dfrac{\sqrt{3}}{4}$102.　7. 4,6,8.　8. 2,4.　9. $\dfrac{\sqrt{3}}{2}$.　10. $\dfrac{5\sqrt{3}}{4}$.　11. $\dfrac{9}{2}$.　12. 36.

13. 80.　14. (1)8;(2)96;(3)384.　15. $\dfrac{\sqrt{2}}{2}$.　16. $\dfrac{\sqrt{2}}{8}$.

5.4　1. $\dfrac{2}{27}$.　2. $\sqrt[3]{\dfrac{\alpha}{2\pi}}$.　3. $1:\sqrt[3]{2}-1$.　4. $\dfrac{\sqrt{8}-1}{\sqrt{3}}$.

5.5　1. $a^3\dfrac{\sqrt{2}}{12}$.　2. $\dfrac{V}{6},\dfrac{V}{3},\dfrac{V}{6},\dfrac{V}{6}$.　3. $\dfrac{1}{6}abc$.　4. $\dfrac{12}{\sqrt{61}}$.　5. $\dfrac{3}{2}$.　6. 1.

8. 对于三棱锥: $\dfrac{a^2}{12}\sqrt{3b^2-a^2}$;　$\dfrac{\sqrt{3}}{12}a^2h$;　$\dfrac{\sqrt{3}}{12}a^2\left(R\cdot\sqrt{R^2-\dfrac{a^2}{3}}\right)$;

$\dfrac{a^4r\sqrt{3}}{6(a^2-12r^2)}$;　$\dfrac{a}{24}\sqrt{48Q^4-a^4}$;　$\dfrac{\sqrt{3}}{4}h(b^2-h^2)$;　$\dfrac{b^4(4R^2-b^2)\sqrt{3}}{32R^3}$;　$\dfrac{1}{6}(b^2\pm\sqrt{b^4-4Q^2})\sqrt{b^2\mp2\sqrt{b^2-4Q^2}}$. 两个答数,如果 $2Q<b^2<\dfrac{4}{\sqrt{3}}Q$;$\dfrac{\sqrt{3}}{4}h^2(2R-h)$;

$\dfrac{r^2h^2\sqrt{3}}{h-2r}$;　$\dfrac{h}{2}(\sqrt{3h^4+4Q^2}-h^2\sqrt{3})$;　$\dfrac{\sqrt{3}}{2}x^2h$.　这里 $x^2=Rr+r^2\cdot r\sqrt{R^2-2Rr-3r^2}$;此时如果 $0<r<\dfrac{\sqrt{5}-1}{4}R$,那么 $h=R\cdot\sqrt{R^2-2x^2}$;如果

$\dfrac{\sqrt{5}-1}{4}R \leqslant r \leqslant \dfrac{R}{3}$，那么 $h=R+\sqrt{R^2-2x^2}$.

对于四棱锥：$\dfrac{a^2\sqrt{2}}{6}\sqrt{2b^2-a^2}$；$\dfrac{1}{3}a^2h$；$\dfrac{2}{3}h(b^2-h^2)$；$\dfrac{a^2}{3}\left(R\pm\sqrt{R^2-\dfrac{a^2}{2}}\right)$；

$\dfrac{b^4(4R^2-b^2)}{12R^3}$；$\dfrac{2}{3}h^2(2R-h)$；$\dfrac{2a^4r}{3(a^2-4r^2)}$；$\dfrac{a}{6}\sqrt{16Q^2-a^2}$；$\dfrac{2}{3}(b^2-\sqrt{b^4-4Q^2})\cdot$

$\sqrt[4]{b^4-4Q^2}$；$\dfrac{2}{3}h(\sqrt{h^4+4Q^2}-h^2)$；$\dfrac{4h^2r^2}{3(h-2r)}$；$\dfrac{4}{3}x^2h$. 这里 $x^2=Rr\cdot$

$r\sqrt{R^2-2Rr-r^2}$；此时如果 $0<r<\dfrac{\sqrt{3}-1}{4}R$，那么 $h=R\cdot\sqrt{R^2-x^2}$；如果

$\dfrac{\sqrt{3}-1}{4}R\leqslant r\leqslant(\sqrt{2}-1)R$，那么 $h=R+\sqrt{R^2-x^2}$.

9. $\dfrac{a^3}{24\sin\frac{\alpha}{2}}\cdot\sqrt{1+2\cos\alpha}$；$\dfrac{b^3}{3}\sin\dfrac{\alpha}{2}\cdot\sqrt{1+2\cos\alpha}$；$\dfrac{h^3\sqrt{3}\,\sin^2\frac{\alpha}{2}}{1+2\cos\alpha}$；

$\dfrac{8R^3}{9\sqrt{3}}\cdot(1+2\cos\alpha)^2\sin^2\dfrac{\alpha}{2}$；$\dfrac{8r^3\sqrt{3}\,\cos^3\left(\frac{\alpha}{2}-\frac{\pi}{6}\right)}{\sin\frac{\alpha}{2}(1+2\cos\alpha)}$；$\dfrac{Q^{\frac{3}{2}}}{3}\tan\dfrac{\alpha}{2}\sqrt{\dfrac{2(1+2\cos\alpha)}{\sin\alpha}}$；

$\dfrac{a^3}{12}\tan\beta$；$\dfrac{b^3}{4}\sqrt{3}\,\cos^2\beta\sin\beta$；$\dfrac{1}{4}h^3\sqrt{3}\,\cot^2\beta$；$\dfrac{1}{2}R^3\sqrt{3}\,\sin^2 2\beta\sin^2\beta$；$\dfrac{r^3\sqrt{3}}{4}\cot^2\beta\cdot$

$(1+\sqrt{4\tan^2\beta+1})^3$；$\dfrac{Q^{\frac{3}{2}}}{\sqrt[4]{3}}\sin\gamma\sqrt{\cos\gamma}$；$\dfrac{a^3}{24}\tan\gamma$；$\dfrac{b^3\sqrt{3}\tan\gamma}{(\tan^2\gamma+4)^{\frac{3}{2}}}$；$h^3\sqrt{3}\,\cot^2\gamma$；

$\dfrac{8R^3\sqrt{3}\,\cot^2\gamma}{(1+4\cot^2\gamma)^3}$；$\dfrac{r^3\sqrt{3}\,(1+\cos\gamma)^3}{\cos\gamma\sin^2\gamma}$；$\dfrac{2Q^{\frac{3}{2}}\sqrt{\cot\beta}}{\sqrt[4]{3}\,(4+\cot^2\beta)^3}$；$\dfrac{a^3\cos\frac{\varphi}{2}}{12\sqrt{1-2\cos\varphi}}$；

$\dfrac{b^3(1-2\cos\varphi)\cos\frac{\varphi}{2}}{12\sin^3\frac{\varphi}{2}}$；$\dfrac{h^3\sqrt{3}\,(1-2\cos\varphi)}{4\cos^2\frac{\varphi}{2}}$；$\dfrac{2R^3\sqrt{3}\,\cos^4\frac{\varphi}{2}(1-2\cos\varphi)}{27\sin^6\frac{\varphi}{2}}$；

$\dfrac{r^3\sqrt{3}\,(\sqrt{1-2\cos\varphi}+\sqrt{3})^3}{4\sqrt{1-2\cos\varphi}\,\cos^2\frac{\varphi}{2}}$；$\dfrac{2}{3}Q^{\frac{3}{2}}\cos\dfrac{\varphi}{2}\sqrt[4]{1-2\cos\varphi}$.

10. $\dfrac{a^3\sqrt{\cos\alpha}}{6\sin\frac{\alpha}{2}}$；$\dfrac{4}{3}b^3\sin^2\dfrac{\alpha}{2}\sqrt{\cos\alpha}$；$\dfrac{4}{3}h^3\dfrac{\sin^2\frac{\alpha}{2}}{\cos\alpha}$；$\dfrac{32}{3}R^3\cos^2\alpha\sin^2\dfrac{\alpha}{2}$；$8\dfrac{\sqrt{2}}{3}r^3\cdot$

$$\frac{\cos^3\left(\dfrac{\alpha}{2}-\dfrac{\pi}{4}\right)}{\sin\dfrac{\alpha}{2}\cos\alpha};\ \frac{4\sqrt{2}}{3}Q^{\frac{3}{2}}\tan\frac{\alpha}{2}\sqrt{\cot\alpha};\ \frac{a^3\sqrt{2}}{6}\tan\beta;\ \frac{2}{3}b^3\cos^2\beta\sin\beta;\ \frac{2}{3}h^3\cot^2\beta;$$

$$\frac{4}{3}R^2\sin^2 2\beta\ \sin^2\beta;\ \frac{2}{3}r^3\ \cot^2\beta\ (1+\sqrt{2\tan^2\beta+1})^3;\ \frac{4\sqrt{2}}{3}Q^{\frac{3}{2}}\ \frac{\sqrt{\cot\beta}}{\sqrt[4]{(2+\cot^2\beta)^3}};$$

$$\frac{a^3}{6}\tan\gamma;\ \frac{4b^3\tan\gamma}{3\sqrt{(\tan^2\gamma+2)^3}};\ \frac{4}{3}h^3\ \cot^2\gamma;\ \frac{32R^3\ \cot^2\gamma}{3\ (1+2\cot^2\gamma)^3};\ \frac{4r^3\ (1+\cos\gamma)^3}{3\cos\gamma\sin^2\gamma};$$

$$\frac{4}{3}Q^{\frac{3}{2}}\sin\gamma\cdot\sqrt{\cos\gamma};\ \frac{a^3\sqrt{2}\cos\dfrac{\varphi}{2}}{2\sqrt{-\cos\varphi}};\ \frac{2b^3(-\cos\varphi)\cos\dfrac{\varphi}{2}}{3\sin^3\dfrac{\varphi}{2}};\ \frac{2}{3}h^3\ \frac{(-\cos\varphi)}{\cos^2\dfrac{\varphi}{2}};$$

$$\frac{16R^3\cos^4\dfrac{\varphi}{2}(-\cos\varphi)}{3\sin^6\dfrac{\varphi}{2}};\ \frac{2r^3\ (1+\sqrt{-\cos\varphi})^3}{3\cos^2\dfrac{\varphi}{2}\sqrt{-\cos\varphi}};\ \frac{4}{3}Q^{\frac{3}{2}}\cos\frac{\varphi}{2}\sqrt[4]{-\cos\varphi}.$$

11. $\dfrac{1}{6}$. 12. (1)$5:1$;(2)$119:9$. 13. $4\dfrac{1}{2}$. 14. 不存在. 15. $\dfrac{13}{27}$.

5.6 1. $\dfrac{1}{3}\sqrt{2SPQ}$. 2. $\dfrac{1}{6}abd$. 3. $\dfrac{153\sqrt{35}}{34}$. 4. $\dfrac{\sqrt{2}}{18}$. 5. $\dfrac{V}{30},\dfrac{7V}{40},\dfrac{23V}{180},\dfrac{V}{10},$

$\dfrac{V}{24}$. 6. $\dfrac{41}{45}$. 7. $\dfrac{1}{27}$. 8. $\dfrac{6}{9+\sqrt{13}+2\sqrt{10}}$. 9. $\dfrac{1}{72}$. 10. $\alpha\beta V$. 11. $\dfrac{V}{15}$.

12. $\dfrac{2}{15}V,\ \dfrac{1}{60}V,\ \dfrac{3}{10}V,\ \dfrac{1}{24}V,\ \dfrac{23}{120}V$. 13. $\dfrac{a^2h\sqrt{3}}{3}$. 14. $3r,r\leqslant\dfrac{\sqrt[4]{3}}{3}$.

15. $\dfrac{1}{6}bh(c+2a)$. 16. $\dfrac{2}{3}a^2h\sqrt{3}$. 17. $\dfrac{119}{360}$.

5.7 2. $\dfrac{2PQ\cos\dfrac{\alpha}{2}}{P+Q}$. 3. $\arcsin\sqrt{\dfrac{14}{15}}$. 4. $\arcsin\dfrac{2\sqrt{14}}{\sqrt{65}}$. 5. $2:1$.

6. $\dfrac{\sqrt{2SPQ}}{S+P+Q+\sqrt{S^2+P^2+Q^2}},\dfrac{\sqrt{2SPQ}}{(S+P+Q)-\sqrt{S^2+P^2+Q^2}}$. 7. $18:17$.

8. $4:9$. 9.$5:3$. 11. 1. 12. $R\sqrt{1-\dfrac{k^2}{4}}$.

6.2 1.$\pi d^2 l+\dfrac{4}{3}\pi d^3$. 2. $\dfrac{\pi}{12}\sin 2\alpha$. 3. $\dfrac{7}{3}\pi$. 4. $\pi ab(a+b)$. 5. $\dfrac{a}{2}\sqrt[3]{\dfrac{3}{2}}$.

6.$2a^2 r+2\pi ar^2+\dfrac{4}{3}\pi r^3$. 7. $a^3+6a^2 d+3\pi ad^2+\dfrac{4}{3}\pi d^3$. 10. $\dfrac{1}{12}\pi a^2 h\cos\alpha$.

11. $\dfrac{1}{6}\pi h^3$.　12. $\dfrac{8}{3}r^3$.　14. $\dfrac{\sqrt{3}}{3}\pi$.

6.3　1. $\dfrac{\sqrt{5}}{4}$.　2. $2\pi R\left(h+\dfrac{1}{2}\sqrt{h^2+4R^2}\right)$.　3. $2\pi\cos\dfrac{\alpha}{2}$ 和 $2\pi\sin\dfrac{\alpha}{2}$.　4. 立方体.　6. $2\pi\sqrt{3}$, $(11+\sqrt{13})\pi$.　7. $\dfrac{1}{9}\pi a^3$, $\dfrac{2}{\sqrt{3}}\pi a^2$.　8. $\dfrac{2}{3}aR^3$, $2aR^2$.

6.5　2. $2\pi(5+2\sqrt{5})$, $2\pi(5-2\sqrt{5})$.　3. 六个面积为 $\pi\left(1-\dfrac{\sqrt{2}}{2}\right)$ 的球冠和八个三角形每个的面积为 $\dfrac{\pi(3\sqrt{2}-4)}{8}$.　4. $\dfrac{\pi}{3}(2R^3-3R^2d+d^3)$ 和 $\dfrac{\pi}{3}(2R^3+3R^2d-d^3)$.　5. πR^2.

7.3　1. $\dfrac{1}{2}$, $\dfrac{1}{108}$.　3. 6 倍.　4. $4\dfrac{1}{2}$ 倍.　5. 正六边形, 面积为 $\dfrac{3\sqrt{3}}{4}$ 和 $\dfrac{3\sqrt{3}}{16}$.

6. 是的.　7. $\dfrac{1}{2}$, $\dfrac{23}{27}$, $\dfrac{23}{125}$.　8. $\dfrac{7}{3}(\sqrt{2}-1)$, $\dfrac{5}{6}$, $\dfrac{1}{2}$.　9. $\dfrac{8}{9}$, $\dfrac{5}{8}$, $\dfrac{1}{6}$.　10. $\dfrac{3}{2}$.

11. 不大于 $\sqrt{2}$.

7.6　1. $\dfrac{3\sqrt{2}-\sqrt{10}}{2}$.　2. $\dfrac{5}{12}(3+\sqrt{5})a^3$, $\dfrac{3\sqrt{3}+\sqrt{15}}{12}a$, $\dfrac{a}{2}\sqrt{\dfrac{1}{2}(5+\sqrt{5})}$.

3. $a\sqrt{7}$.　4. 正十边形.　5. $\pi-\arcsin\dfrac{2}{3}$.　6. $\arccos\dfrac{\sqrt{5}}{5}$.　7. 是的(正八面体的对角线).　8. $\dfrac{15+7\sqrt{5}}{4}a^3$, $\dfrac{\sqrt{3}+\sqrt{15}}{4}a$, $\dfrac{3+\sqrt{5}}{\sqrt{10+2\sqrt{5}}}a$.　9. $\pi-\arccos\dfrac{1}{\sqrt{5}}$.

10. 正十边形.

8.2　1. (1) $\sqrt{38}$; (2) $\sqrt{42}$.　2. $\left(-\dfrac{5}{2},0,0\right)$.　3. $\left(\dfrac{8}{5},\dfrac{7}{8},0\right)$, $\left(\dfrac{9}{10},0,-\dfrac{7}{6}\right)$, $\left(0,-\dfrac{9}{8},-\dfrac{8}{3}\right)$.　4. $(x+1)^2+(y-2)^2+(z+3)^2=14$.　5. $(x+1)^2+(y-1)^2+(z-1)^2=17$.　6. $x^2+(y-2)^2+z^2=9$.　7. $\left(-\dfrac{1}{2},-1,-\dfrac{3}{2}\right)$, $\dfrac{1}{2}\sqrt{14}$.　8. $(x+1)^2+(y-3)^2+(z-2)^2=1$.　9. $(x-3)^2+(y+1)^2+(z-4)^2=17$.　10. $(x+1)^2+y^2+(z-2)^2=(\sqrt{6}\pm1)^2$.　11. $\left(\dfrac{3}{2},2,\dfrac{5}{2}\right)$, $\dfrac{5\sqrt{2}}{2}$.

8.3　1. $3x-2y+4z-29=0$.　2. $\dfrac{x}{a}+\dfrac{y}{b}+\dfrac{z}{c}=1$.　4. $2x-y-3z+13=$

0.　5. $3x-3y+z+1=0$.　6. $x+y+3z=0$.　7. $x+2y+3z\pm\sqrt{14}=0$.

9. $\dfrac{5}{\sqrt{14}}$.　10. $z=0$ 或 $24x-36y+23z-72=0$.

8.4　1. $\dfrac{x+2}{3}=\dfrac{y-1}{4}=-\dfrac{z-3}{6}$.　3. $(23,-17,0),\left(0,\dfrac{7}{5},\dfrac{23}{5}\right),\left(\dfrac{7}{4},0,\dfrac{17}{4}\right)$.

4. $(1,0,5)$.　5. 方程组给出直线: $2x+14y+22z-21=0,2x-5y-z-7=0$.

7. $\dfrac{x-3}{-1}=\dfrac{y-2}{-2}=\dfrac{z+2}{2}$.　8. $(0,7,-1)$.　9. $\dfrac{27}{\sqrt{26}}$.　10. $x-2y-3z+4=0$,

$2x+y-z-2=0$.

8.6　1. $(8,-2,2),(-6,4,2)$.　2. $B_1(5,1,-2),C(-1,2,2)$. 3. $(1)A_1(-1,$

$2,1),B_1(0,1,3),D(2,1,-2),D_1(0,3,0)$. $(2)A_1\left(-4,\dfrac{1}{2},0\right),B\left(-1,\dfrac{3}{2},0\right)$,

$C_1\left(-2,\dfrac{1}{2},2\right),D\left(-1,\dfrac{1}{2},2\right)$.　4. $(1)(0,0,0),(-4,4,4),(-8,8,8)$. $(2)(0,$

$0,0),(-4,-1,0),(-8,-2,0)$.　5. $\boldsymbol{a}=\boldsymbol{n}+2\boldsymbol{p}$.　6. (1) $\overrightarrow{AC_1}=\overrightarrow{AB}+\overrightarrow{AD}+$

$\overrightarrow{AA_1}$,　$\overrightarrow{BD_1}=-\overrightarrow{AB}+\overrightarrow{AD}+\overrightarrow{AA_1}$,　$\overrightarrow{CA_1}=-\overrightarrow{AB}-\overrightarrow{AD}+\overrightarrow{AA_1},\overrightarrow{DB_1}=\overrightarrow{AB}-$

$\overrightarrow{AD}+\overrightarrow{AA_1}$;

(2) $\overrightarrow{AB_1}=\overrightarrow{AC}-\dfrac{1}{2}\overrightarrow{BD_1}+\dfrac{1}{2}\overrightarrow{CA_1},\overrightarrow{AD}=-\dfrac{1}{2}\overrightarrow{CA_1}+\dfrac{1}{2}\overrightarrow{BD_1},\overrightarrow{AA_1}=\dfrac{1}{2}\overrightarrow{AC_1}+$

$\dfrac{1}{2}\overrightarrow{CA_1}$;

(3) $\overrightarrow{AC_1}=\dfrac{1}{2}(\overrightarrow{AB_1}+\overrightarrow{AD_1}+\overrightarrow{AC})$, $\overrightarrow{AD}=\dfrac{1}{2}(-\overrightarrow{AB}+\overrightarrow{AD_1}+\overrightarrow{AC})$, $\overrightarrow{AA_1}=$

$\dfrac{1}{2}(\overrightarrow{AB_1}+\overrightarrow{AD_1}-\overrightarrow{AC})$.

8.7　1. $(1)\arccos\left(-\dfrac{3}{13}\right)$; $(2)\arccos\dfrac{20}{\sqrt{406}}$; $(3)\arccos\left(-\dfrac{3}{7}\right)$.

3. $(1)\arccos\dfrac{3}{2\sqrt{21}}$; $(2)\arccos\dfrac{4}{\sqrt{42}}$.

4. $\sqrt{35+(12)\sqrt{2}}$.　5. $\arccos\dfrac{1}{3},\dfrac{\pi}{3}$.　6. $\arccos\dfrac{6}{7},\arccos\dfrac{3}{7},\arccos\dfrac{4}{7}$.

8. $(7,0,0),\left(0,\dfrac{7}{2},0\right),\left(0,0,\dfrac{7}{3}\right)$.

9.4 6.(1)$2x+2y+2z=3$;(2)$6x+6y+6z=21$. 7. 沿着向量$v(1,1,1)$方向的轴且过坐标原点,而角等于$60°$.

9.8 1. 如果$\varphi+\psi$不等于$180°$,那么这是围绕平行于已知轴转角为$\varphi+\psi$的旋转的合成. 如果$\varphi+\psi=180°$,那么合成等于平移垂直于已知轴向量. 2. 螺旋运动或平移. 4. 关于通过已知点的任意平面的反射,和绕垂直于这个平面且通过已知点的轴转角为$180°$的旋转的合成. 5.(1)平移向量为$v\left(\dfrac{16}{29},1\dfrac{11}{29},0\right)$;

(2)绕方向沿向量$v(1,-1,0)$且通过坐标原点的轴作转角为$180°$的旋转;(3)绕Ox轴作$270°$的旋转(或绕轴反方向作$90°$的旋转);(4)绕方向沿向量$v(1,-1,1)$且通过坐标原点的轴作转角为$120°$的旋转. 7. 这样的运动存在,这是中心在点$\left(\dfrac{1}{2},\dfrac{1}{2},\dfrac{1}{2}\right)$的中心对称. 9. 两个位似,如果球面不是同心的且具有相等半径,在相反情况是一个位似. 10.(1)中心在点$\left(-\dfrac{5}{2},0,0\right)$,位似系数为 3.

(2)中心在点$\left(\dfrac{5}{4},0,0\right)$,位似系数为$-3$.

补充的问题和用于复习的问题

7.三角形,四边形,六边形. 8.$\dfrac{25}{8}$. 9.$\dfrac{a}{4}\sqrt{\dfrac{2}{3}}$. 10.$1:7$. 11.$8:19$.

14.$2\arcsin\dfrac{1}{6}$. 15.$2:1$. 16.$1:1$. 17.(1)$\dfrac{3\sqrt{3}}{2}a^3$;(2)$\dfrac{\sqrt{5}}{2}a$;(3)$\arctan\dfrac{1}{2}$.

18.(1)$\dfrac{\sqrt{3}}{6}a^3$;(2)$\arctan\dfrac{\sqrt{6}}{2}$;(3)$\dfrac{\pi}{3}$;(4)$\pi-\arccos\dfrac{1}{4}$;(5)$\dfrac{5\sqrt{3}}{12}a$;(6)$\dfrac{\sqrt{3}}{6}a$;

(7)$\arcsin\dfrac{\sqrt{14}}{4}$,$\dfrac{\sqrt{3}}{2\sqrt{7}}a$. 19.(1)$\dfrac{\sqrt{3}}{2}a^3$;(2)$45°$;(3)$\arctan\dfrac{2}{\sqrt{3}}$;(4)$\pi-\arccos\dfrac{5}{7}$;

(5)a;(6)$\dfrac{\sqrt{21}-3}{4}a$. 20.$20\sqrt{3}$,$\sqrt{\dfrac{139}{3}}$和$\dfrac{2}{3}\sqrt{3}$. 21.$\dfrac{\sqrt{3}}{27}$,$\dfrac{\sqrt{217}}{18}$,$\dfrac{1}{7}$.

23.$\dfrac{4h^2}{3\sqrt{3}}$,其中$0<h\leqslant\sqrt{3}$.

24.$1-\dfrac{\sqrt{3}}{2}$. 25.$\dfrac{\cos\beta}{\cos\alpha}$. 26.$\dfrac{1}{8}a\sqrt{\dfrac{2}{3}}$. 27.$\dfrac{1}{3}(20\sqrt{3}+33)$. 28.如果$0<x\leqslant\dfrac{1}{2}$,那么体积比等于$\dfrac{2}{9}\left(1+\dfrac{1}{x}\right)^3-1$;如果$\dfrac{1}{2}<x\leqslant1$,那么它等于$\dfrac{(2(1+x)^3+(2x-1)^3)-9x^3}{9x^3-(2x-1)^3}$. 29.$\dfrac{\pi}{4}\sqrt{2}$. 30.$\dfrac{\pi}{12}(2-\sqrt{3})$. 31.$\dfrac{\pi}{24}$.

32. 得到面积为 $\frac{\pi}{12}(3-\sqrt{3})$ 的四个球冠和四个面积为 $\frac{\pi}{24}(2\sqrt{3}-3)$ 的曲边三角形.

33. $\frac{3}{\sqrt{11}}a$ 或者 $\frac{a}{\sqrt{3}}$. 34. $\frac{\sqrt{2}}{3}\pi a^3$. 35. $\frac{\sqrt{6}}{6}a^2$. 36. $\frac{\sqrt{3}}{3}R$. 37. 中心在 M 半径为 $\sqrt{MA \cdot MB}$ 的圆. 38. $\frac{1}{2}\sqrt{a^2+b^2+c^2}$, $\dfrac{abc}{ab+bc+ca+\sqrt{a^2b^2+b^2c^2+c^2a^2}}$.

39. $\frac{1}{15}V$. 40. $\frac{2}{9}V$. 41. $\frac{a^2}{2}\cos\left(\frac{\pi}{4}-\alpha\right)$. 42. 不能. 43. $\arcsin\left(\frac{3}{5}\sin\alpha\right)$, $\arcsin\left(\frac{4}{5}\sin\alpha\right)$. 44. $\arccos\frac{1}{6}$. 46. 12. 47. $1-a$. 49. $\frac{\sqrt{14}}{4}$. 50. $1:3$.

51. $\pi r^3\tan\alpha$. 52. $\sqrt{65+(12)\sqrt{2}}$ 或者 $\sqrt{35+(12)\sqrt{2}}$. 55. $\frac{4\pi R^3}{3\sqrt{3}}$.

56. $\frac{560+104\sqrt{52}}{27}$. 59. 四个. 60. $\arctan\left[\dfrac{1}{\sin\frac{\alpha}{2}}\right]$. 61. $\frac{1}{3}$, $\frac{3}{7}$, $\frac{1}{2}$, 1, $\frac{3}{2}$, $\frac{3}{4}$, 3. 62. $\frac{\sqrt{2}\pi a^3}{12}$. 63. $\frac{1}{6}ab^2\cot\alpha$. 64. $\frac{2}{9}$. 66. $\sqrt{2+\sqrt{5}}$. 67. 如果 $d \leqslant \sqrt{ab}$, 那么最大角等于 $\arctan\dfrac{|b^2-a^2|}{2\sqrt{ab}}$; 如果 $d \geqslant \sqrt{ab}$, 那么它等于 $\arctan\dfrac{d|b-a|}{ab+d^2}$. 68. 如果 $R \leqslant r\sqrt{2}$, 那么高等于 $r \pm \sqrt{2r^2-R^2}$; 在另外情况问题无解. 70. $\frac{196}{3\sqrt{3}}$.

名词索引

后　记

但我们创作了，我们熬白了头发，
将来创作什么，这是先生的权利.

　　　　　　　　　　　　——H. 谷米廖夫

我们没有给出预测，
作为诺言我们召回……

　　　　　　　　　　　　——Φ. 丘特切夫

　　几何学可以说是最古老的科学之一，它的年龄可以用千年来计算. 但是，尽管如此，几何学到现在仍继续蓬勃地发展着. 此时在几何学大厦的所有层次，逐层地都有惊人的发现. 几何学是永远年轻的科学，它独一无二地显示出，某个最现代几何科学的成就可以是学生能达到的理由. 我们叙述其中的一个.

　　任何的，谁从事按照展开图制作多面体，能够发觉，得到的结果模型具有“刚性”. 在任何情况，这个性质对于凸多面体是有特色的. 但在清楚之前，我们要懂得在“刚性”下的多面体，关于平面多边形的几个词.

　　只有一个多边形，就是三角形，完全被自己的边所确定. 如果我们准备带有硬性的杆，彼此用关节连接，那么得到的多边形（如果不是三角形）将不是刚性的，它的形状可以改变.

　　而作为多面体的处境如何呢？它自己的界面组成我们所指的，作为这些界面彼此的连接确定吗？

　　我们考察八面体的例子. 八面体的表面由八个正三角形组成. 想象，这些个三角形由某些足够坚硬的物质制成（硬纸板，铁皮或者某种类似的东西）. 我们开始由个别的这样的三角形制成八面体的表面，它们彼此没有牢固地连接（用活动关节，胶黏性的带子或其他的东西）. 个别的联系两个三角形之间的角可以变化，虽然它们彼此连接着. 如果我们这样制成整个八面体的表面，那么我们得到刚性的构件. 在远古时代学者们就发现，他们已知的凸的（或非凸的）多面体具有刚体的性质. 然而实际的观察结果还不是理论. 直到 19 世纪初伟大的法兰西数学家奥古斯 J. 柯西(Cauchy)证明了关于任何凸多面体刚性的理论(在我们指出的意义下).

许多学者认为, 类似的理论对于非凸的多面体是正确的. 当然只是不多的学者施用……

又过了半个世纪, 在 1977 年, 美国数学家康纳利从几何学增长的观点作出了非凸的多面体, 它呈现非刚性的(称它为"弹性可弯的"). 这个多面体可以改变形状, 尽管它的界面在此时没有改变. 此时可以确信, 能制成这样的多面体的模型.

正如所说的, 凡事开头难. 康纳利在这之后作出了许多可弯多面体的模型.

图 1 是同一个可弯多面体的两个展开图的画面. 它们中的一个比较对称, 但要求黏合 9 个界面. 对于另一个拉过来黏合 8 个界面. 由所有知道的可弯多面体的展开多面体在给出的画面中具有最小的界面数, 即 14. 利用下面引进的说明, 按照这两个展开的多面体尝试黏合.

1. 在结实的纸页重新画画展开图(借助于透明纸或另外的方法). 可以改变大小规模, 但要保持在图中所指出的比例. 例如, 可以取 $a = 12 \times 0.5 = 6$ cm, $b = 5$ cm, $c = 2.5$ cm, $d = 5.5$ cm, $l = 8.5$ cm.

2. 沿着周界剪下展开图. 此时对于每对黏合的边(它们的端点标记一致的字母)由一个边给出不多的富余部分, 为的是形成不大的为了黏合的地带.

3. 沿着每条线段(未来的多面体的棱)实行某些次钝的刀或剪刀的侧边进行某些次将要黏合的两边弄成毛边. 当然, 对于每条棱黏合的两个界面是自由"搓捻的".

4. 如果棱标注十字号(＋), 那么对应的界面应当由纸页向自己弯折. 如果它标注圆号(○), 那么它应当由自己弯折. 结果顶点 C_2 和 D_2 应当出现在多面体的"边远地带".

最好总是由自己来黏合一两个模型, 可能需要的多面体不是能立刻得到的, 此问题在于, 由每个展开图可以得到不同的多面体, 其中包括不是可弯性的. 力求由提议的展开图黏合某些不同的模型, 这是有趣和有教益的.

我们很快发现了所有得到的可弯多面体有趣的性质: 在可弯的过程中它们的体积不改变. 于是在数学家面前又出现了新的问题: 对于任何可弯的多面体这个体积恒定的性质都是对的吗? 它被称为"风箱问题". 为何这样称谓? 如果存在可弯的多面体, 它在可弯的过程中改变自己的体积, 那么所制造的模型表面由硬的材料同铰接连接的界面和在表面的某处打通不大的孔, 此时我们得到的

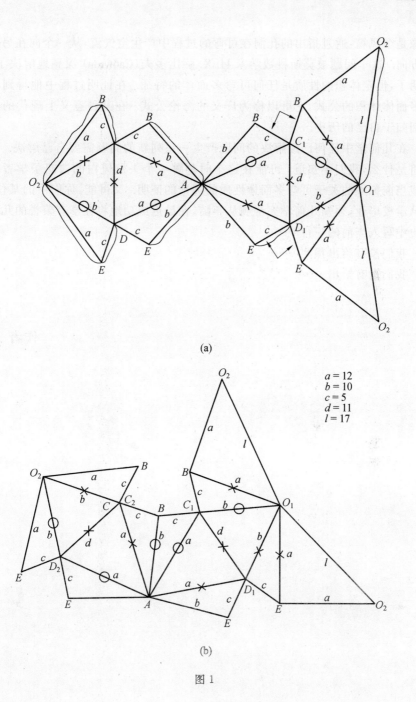

$a = 12$
$b = 10$
$c = 5$
$d = 11$
$l = 17$

(a)

(b)

图 1

好像是个风箱:通过指出的孔洞在可弯的过程中产生空气流,从一个向在另一个的方向. 这个问题被莫斯科数学家 И. Х. 萨比多夫(Сабитов)漂亮地解决了,他证明了,恒定体积的性质是任何可弯多面体的特征. 在证明过程中他得到了表示多面体体积的公式,它可以称为广义的海伦公式. 在某种意义上现代的几何学回归于自己的历史.

在几何学中任何已经解决的问题产生一系列新的问题需要自己解决. 进一步将是什么,我们不知道. 可能在这个时刻哪一个头发斑白的白胡子学者接近完成当前惊人的关于可弯多面体性质的理论的证明. 又可能,你们中的某位,只是从学校毕业,须知几何学完全顺从年龄,在最近成功地将在享有荣誉的几何学历史中写入当前的一行 ……

我们没有给出预测 ……

我们没有给出 ……

作者

编辑手记

　　本书是一部译自俄文的几何课本.几何学是我们数学工作室出书的一个热点.

　　平面几何是中学生了解科学思维特点,促进其理性思维的最佳路径.这一点已被包括爱因斯坦与丘成桐这样的近代数理大师所公认.

　　2017年10月26日上午,第十四届中国计算机大会(CNCC2017)在福州海峡国际会展中心开幕.在大会第一天,菲尔兹奖获得者、哈佛大学终身教授丘成桐在会上作为特邀嘉宾做了首个演讲报告,报告主题为"现代几何学在计算机科学中的应用".他说:

　　　　"首先,前面几分钟讲讲几何学历史.几何学一开始,就类似今天的人工智能,有很多工程上的应用以及产生了很多定理.不过随后欧几里得将当时主要的平面定理组合以后发现这些定理都可以由5个公理推出来.这是人类历史上很重要的一个里程碑,在很繁复的现象里,他找到了很简单但却很基本的5个公理,从而能将原来的这些定理全部推出来.我是很鼓励我们做人工智能的也能重复这个做法——从现在复杂多样的网络中找到它最简单的公理."

　　平面几何的证明训练目前在中学又开始有所削弱.一个中国特色式的理由是它似乎显得没有像统计与代数那么有用.这确实是中国人思维的一个不可理喻的"黑洞".近读《席泽宗口述自传》(湖南教育出版社,2011年)中有一段席院士回忆:1947年,他为报考中山大学天文学专业向其三姨夫借路费时,三姨夫当着许多人把他大训一顿说:"人不能上天,学天文毫无用处,你不如到税务局找个练习税务员干干."(p62)

　　如果真要是按着这个思路去设计人生道路,那么今天中国就会少一个天文学的院士,而多一个平庸的伪税务官.比如,苏联和今天的俄罗斯,他们甚至像科技史这样的貌似无用的学科都有很多人在研究.据席院士回忆,苏联有强大的科技史研究力量.这从当时苏联学者在各种刊物和论文集里发表的科技史论文数量就能看出.从 1917 年至 1947 年的 30 年中论文数量约 8 500 篇,而从 1948 年至 1950 年的 3 年中就有 6 400 多篇.据席院士回忆说:1960 年,苏联出版的 1951 年到 1960 年的科技史论文目录,约有 35 000 篇之多.

本书的作者是有着俄罗斯"几何沙皇"之称的沙雷金,人们特别喜欢将其认为最厉害的人物冠之以"沙皇""皇帝"之称.有人曾专门研究过这两个国家某些人群的心路历程,发现何其相似乃尔.比如,当中产刚刚开始在俄国流行时,纳博科夫是这样刻薄地评价他们的:

> "他们被两种相抵触的渴望煎熬着:一方面,他想和所有人一样,用这个用那个,因为成千上万的人都在这么做;另一方面,他又渴望加入某个特殊团体,某个组织,俱乐部,成为某个宾馆的贵宾或者远洋航班的乘客,然后因得知某集团的总裁或欧洲的某伯爵坐在自己身边而欢欣雀跃."

现在回到本书,沙雷金的著作我们工作室已经出版了若干种,陆续还会有更多的译著问世.现在有许多几何迷,专门购买收藏此类图书,所以这是一个很大的市场,我们有义务满足他们的这一需求.中国习惯把收集书籍,称之为"藏书",称收集书籍的人为"藏书家".据北大学者、藏书家辛德勇介绍:日本则除此之外,还有"集书"一词,似乎是直接译自英文的 Collect books 或是 Book-collecting 一词.与"藏书"相比,"集书"一词,更能体现出寻觅挑选书籍,这一最富有魅力的过程,这也是藏书的精髓所在;而"藏书"本身的语义,则只体现出收集书籍的结果,甚至只是持有书籍.这种微妙的词义差别,也体现着中国与日本在藏书文化上的差距.

本书的译者是首都师范大学的周春荔教授,笔者与他相识已经 30 多年了,第一次见面是 20 世纪 80 年代.周先生应哈尔滨数学会邀请到哈尔滨市做数学竞赛讲座,听课时笔者坐在第一排,周先生京腔京调,声音洪亮,讲述深入浅出,那时社会氛围好,求知欲强,听众如痴如醉,课后笔者还特意请周先生题字,大概是那时笔者正值风华正茂之年,让周先生错以为是学生,便题了类似"好好学习,天天向上"之类勉励之语.后来笔者所在的哈尔滨学院准备开解题研究这门课,由于我国第一本此方向的教材是周先生等人(记得还有胡杞教授)编写的,于是系里便派笔者进京取经,再后来便是 2013 年全国初等数学研讨会在厦门召开,我们又见面了,记得是几何爱好者郭小全先生请大家吃饭,我们一起畅谈了许多初等数学的话题.

周先生俄文非常好且几何又是权威,所以我们数学工作室又请周先生译了好几本俄罗斯的几何书.

中国现在在数学教育方面与俄罗斯还有不小的差距,特别是平面几何教育方面,要向他们学习的地方还有很多.但一个很大的问题是现在懂俄语的人才太少了.按说由于历史与地缘优势,哈尔滨懂俄语的科技人才在全国应该是最多的,但随着年代的变迁老一代会俄语的人逐渐退出了历史舞台.比如,在席院士访谈录中就有过这样的一段①:

> 在哈尔滨外国语学院(今黑龙江大学)学习期间,我结识了数学研究所选派来学习的曾肯成,并与他成为要好的朋友.曾肯成与我同岁,也生于1927年,是湖南涟源人.在我的印象里,他是一个学习的天才,尤其具有学习外语的天赋.他学俄文时,只在课堂上听一遍,并不在课下复习,学校发的俄文课本都被他一页页地撕下用作了手纸.但每次考试,他都能取得非常优异的成绩.由于我们的私交不错,曾肯成经常跟我讲一些推心置腹的话.在哈尔滨外国语学院毕业前夕,他向我表示坚决不回数学研究所了,打算到编译局工作.

周先生随着年龄的增大,身体各方面的条件也不如从前,所以为了翻译本书也付出了相当大的努力,老人家的腰不好,经常要去医院做理疗,所以如果不是出于对数学的热爱是很难完成本书的翻译工作的.

写一本书是不易的!笔者说得不算,引大家的话吧!

村上春树是当今日本最著名的作家之一,以其代表作《挪威的森林》《海边的卡夫卡》《IQ84》等30余部脍炙人口、洛阳纸贵的长中短篇小说享誉天下,多次获得诺贝尔文学奖提名,但频频交臂而过.不惟如此,村上春树还在日本近邻、世界人口第一大国的中国拥有大量铁杆拥趸.

最近,谢端平出版《村上春树现象批判》(吉林大学出版社,2017年),这是目前世界第二部、中国第一部关于"村上春树批判"的学术著作(另一部是日本学者黑古一夫的《村上春树批判》).

---

① 摘自《席泽宗口述自传》,席泽宗口述,郭金海访问整理,湖南教育出版社,2011.

村上春树曾说:"写文章本身或许属于脑力劳动,但是要写一本完整的书,不如说更接近体力劳动."

所以笔者代表工作室全体编辑人员感谢周先生为我们所做的一切.

刘培杰

2020 年 10 月 1 日

于哈工大

刘培杰数学工作室
已出版(即将出版)图书目录——初等数学

书　名	出版时间	定　价	编号
新编中学数学解题方法全书(高中版)上卷(第2版)	2018—08	58.00	951
新编中学数学解题方法全书(高中版)中卷(第2版)	2018—08	68.00	952
新编中学数学解题方法全书(高中版)下卷(一)(第2版)	2018—08	58.00	953
新编中学数学解题方法全书(高中版)下卷(二)(第2版)	2018—08	58.00	954
新编中学数学解题方法全书(高中版)下卷(三)(第2版)	2018—08	68.00	955
新编中学数学解题方法全书(初中版)上卷	2008—01	28.00	29
新编中学数学解题方法全书(初中版)中卷	2010—07	38.00	75
新编中学数学解题方法全书(高考复习卷)	2010—01	48.00	67
新编中学数学解题方法全书(高考真题卷)	2010—01	38.00	62
新编中学数学解题方法全书(高考精华卷)	2011—03	68.00	118
新编平面解析几何解题方法全书(专题讲座卷)	2010—01	18.00	61
新编中学数学解题方法全书(自主招生卷)	2013—08	88.00	261
数学奥林匹克与数学文化(第一辑)	2006—05	48.00	4
数学奥林匹克与数学文化(第二辑)(竞赛卷)	2008—01	48.00	19
数学奥林匹克与数学文化(第二辑)(文化卷)	2008—07	58.00	36'
数学奥林匹克与数学文化(第三辑)(竞赛卷)	2010—01	48.00	59
数学奥林匹克与数学文化(第四辑)(竞赛卷)	2011—08	58.00	87
数学奥林匹克与数学文化(第五辑)	2015—06	98.00	370
世界著名平面几何经典著作钩沉——几何作图专题卷(上)	2009—06	48.00	49
世界著名平面几何经典著作钩沉——几何作图专题卷(下)	2011—01	88.00	80
世界著名平面几何经典著作钩沉(民国平面几何老课本)	2011—03	38.00	113
世界著名平面几何经典著作钩沉(建国初期平面三角老课本)	2015—08	38.00	507
世界著名解析几何经典著作钩沉——平面解析几何卷	2014—01	38.00	264
世界著名数论经典著作钩沉(算术卷)	2012—01	28.00	125
世界著名数学经典著作钩沉——立体几何卷	2011—02	28.00	88
世界著名三角学经典著作钩沉(平面三角卷Ⅰ)	2010—06	28.00	69
世界著名三角学经典著作钩沉(平面三角卷Ⅱ)	2011—01	38.00	78
世界著名初等数论经典著作钩沉(理论和实用算术卷)	2011—07	38.00	126
发展你的空间想象力(第2版)	2019—11	68.00	1117
空间想象力进阶	2019—05	68.00	1062
走向国际数学奥林匹克的平面几何试题诠释.第1卷	2019—07	88.00	1043
走向国际数学奥林匹克的平面几何试题诠释.第2卷	2019—09	78.00	1044
走向国际数学奥林匹克的平面几何试题诠释.第3卷	2019—03	78.00	1045
走向国际数学奥林匹克的平面几何试题诠释.第4卷	2019—09	98.00	1046
平面几何证明方法全书	2007—08	35.00	1
平面几何证明方法全书习题解答(第2版)	2006—12	18.00	10
平面几何天天练上卷·基础篇(直线型)	2013—01	58.00	208
平面几何天天练中卷·基础篇(涉及圆)	2013—01	28.00	234
平面几何天天练下卷·提高篇	2013—01	58.00	237
平面几何专题研究	2013—07	98.00	258
几何学习题集	2020—10	48.00	1217

刘培杰数学工作室

已出版(即将出版)图书目录——初等数学

书 名	出版时间	定 价	编号
最新世界各国数学奥林匹克中的平面几何试题	2007—09	38.00	14
数学竞赛平面几何典型题及新颖解	2010—07	48.00	74
初等数学复习及研究(平面几何)	2008—09	58.00	38
初等数学复习及研究(立体几何)	2010—06	38.00	71
初等数学复习及研究(平面几何)习题解答	2009—01	48.00	42
几何学教程(平面几何卷)	2011—03	68.00	90
几何学教程(立体几何卷)	2011—07	68.00	130
几何变换与几何证题	2010—06	88.00	70
计算方法与几何证题	2011—06	28.00	129
立体几何技巧与方法	2014—04	88.00	293
几何瑰宝——平面几何500名题暨1000条定理(上、下)	2010—07	138.00	76,77
三角形的解法与应用	2012—07	18.00	183
近代的三角形几何学	2012—07	48.00	184
一般折线几何学	2015—08	48.00	503
三角形的五心	2009—06	28.00	51
三角形的六心及其应用	2015—10	68.00	542
三角形趣谈	2012—08	28.00	212
解三角形	2014—01	28.00	265
三角学专门教程	2014—09	28.00	387
图天下几何新题试卷.初中(第2版)	2017—11	58.00	855
圆锥曲线习题集(上册)	2013—06	68.00	255
圆锥曲线习题集(中册)	2015—01	78.00	434
圆锥曲线习题集(下册·第1卷)	2016—10	78.00	683
圆锥曲线习题集(下册·第2卷)	2018—01	98.00	853
圆锥曲线习题集(下册·第3卷)	2019—10	128.00	1113
论九点圆	2015—05	88.00	645
近代欧氏几何学	2012—03	48.00	162
罗巴切夫斯基几何学及几何基础概要	2012—07	28.00	188
罗巴切夫斯基几何学初步	2015—06	28.00	474
用三角、解析几何、复数、向量计算解数学竞赛几何题	2015—03	48.00	455
美国中学几何教程	2015—04	88.00	458
三线坐标与三角形特征点	2015—04	98.00	460
平面解析几何方法与研究(第1卷)	2015—05	18.00	471
平面解析几何方法与研究(第2卷)	2015—06	18.00	472
平面解析几何方法与研究(第3卷)	2015—07	18.00	473
解析几何研究	2015—01	38.00	425
解析几何学教程.上	2016—01	38.00	574
解析几何学教程.下	2016—01	38.00	575
几何学基础	2016—01	58.00	581
初等几何研究	2015—02	58.00	444
十九和二十世纪欧氏几何学中的片段	2017—01	58.00	696
平面几何中考.高考.奥数一本通	2017—07	28.00	820
几何学简史	2017—08	28.00	833
四面体	2018—01	48.00	880
平面几何证明方法思路	2018—12	68.00	913
平面几何图形特性新析.上篇	2019—01	68.00	911
平面几何图形特性新析.下篇	2018—06	88.00	912
平面几何范例多解探究.上篇	2018—04	48.00	910
平面几何范例多解探究.下篇	2018—12	68.00	914
从分析解题过程学解题:竞赛中的几何问题研究	2018—07	68.00	946
从分析解题过程学解题:竞赛中的向量几何与不等式研究(全2册)	2019—06	138.00	1090
二维、三维欧氏几何的对偶原理	2018—12	38.00	990
星形大观及闭折线论	2019—03	68.00	1020
圆锥曲线之设点与设线	2019—05	60.00	1063
立体几何的问题和方法	2019—11	58.00	1127

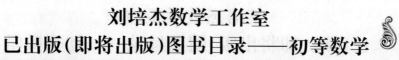

刘培杰数学工作室
已出版(即将出版)图书目录——初等数学

书　　名	出版时间	定　价	编号
俄罗斯平面几何问题集	2009—08	88.00	55
俄罗斯立体几何问题集	2014—03	58.00	283
俄罗斯几何大师——沙雷金论数学及其他	2014—01	48.00	271
来自俄罗斯的5000道几何习题及解答	2011—03	58.00	89
俄罗斯初等数学问题集	2012—05	38.00	177
俄罗斯函数问题集	2011—03	38.00	103
俄罗斯组合分析问题集	2011—01	48.00	79
俄罗斯初等数学万题选——三角卷	2012—11	38.00	222
俄罗斯初等数学万题选——代数卷	2013—08	68.00	225
俄罗斯初等数学万题选——几何卷	2014—01	68.00	226
俄罗斯《量子》杂志数学征解问题100题选	2018—08	48.00	969
俄罗斯《量子》杂志数学征解问题又100题选	2018—08	48.00	970
俄罗斯《量子》杂志数学征解问题	2020—05	48.00	1138
463个俄罗斯几何老问题	2012—01	28.00	152
《量子》数学短文精粹	2018—09	38.00	972
用三角、解析几何等计算解来自俄罗斯的几何题	2019—11	88.00	1119
谈谈素数	2011—03	18.00	91
平方和	2011—03	18.00	92
整数论	2011—05	38.00	120
从整数谈起	2015—10	28.00	538
数与多项式	2016—01	38.00	558
谈谈不定方程	2011—05	28.00	119
解析不等式新论	2009—06	68.00	48
建立不等式的方法	2011—03	98.00	104
数学奥林匹克不等式研究(第2版)	2020—07	68.00	1181
不等式研究(第二辑)	2012—02	68.00	153
不等式的秘密(第一卷)(第2版)	2014—02	38.00	286
不等式的秘密(第二卷)	2014—01	38.00	268
初等不等式的证明方法	2010—06	38.00	123
初等不等式的证明方法(第二版)	2014—11	38.00	407
不等式·理论·方法(基础卷)	2015—07	38.00	496
不等式·理论·方法(经典不等式卷)	2015—07	38.00	497
不等式·理论·方法(特殊类型不等式卷)	2015—07	48.00	498
不等式探究	2016—03	38.00	582
不等式探秘	2017—01	88.00	689
四面体不等式	2017—01	68.00	715
数学奥林匹克中常见重要不等式	2017—09	38.00	845
三正弦不等式	2018—09	98.00	974
函数方程与不等式:解法与稳定性结果	2019—04	68.00	1058
同余理论	2012—05	38.00	163
[x]与{x}	2015—04	48.00	476
极值与最值.上卷	2015—06	28.00	486
极值与最值.中卷	2015—06	38.00	487
极值与最值.下卷	2015—06	28.00	488
整数的性质	2012—11	38.00	192
完全平方数及其应用	2015—08	78.00	506
多项式理论	2015—10	88.00	541
奇数、偶数、奇偶分析法	2018—01	98.00	876
不定方程及其应用.上	2018—12	58.00	992
不定方程及其应用.中	2019—01	78.00	993
不定方程及其应用.下	2019—02	98.00	994

刘培杰数学工作室
已出版(即将出版)图书目录——初等数学

书　名	出版时间	定　价	编号
历届美国中学生数学竞赛试题及解答(第一卷)1950—1954	2014—07	18.00	277
历届美国中学生数学竞赛试题及解答(第二卷)1955—1959	2014—04	18.00	278
历届美国中学生数学竞赛试题及解答(第三卷)1960—1964	2014—06	18.00	279
历届美国中学生数学竞赛试题及解答(第四卷)1965—1969	2014—04	28.00	280
历届美国中学生数学竞赛试题及解答(第五卷)1970—1972	2014—06	18.00	281
历届美国中学生数学竞赛试题及解答(第六卷)1973—1980	2017—07	18.00	768
历届美国中学生数学竞赛试题及解答(第七卷)1981—1986	2015—01	18.00	424
历届美国中学生数学竞赛试题及解答(第八卷)1987—1990	2017—05	18.00	769
历届中国数学奥林匹克试题集(第2版)	2017—03	38.00	757
历届加拿大数学奥林匹克试题集	2012—08	38.00	215
历届美国数学奥林匹克试题集:1972～2019	2020—04	88.00	1135
历届波兰数学竞赛试题集.第1卷,1949～1963	2015—03	18.00	453
历届波兰数学竞赛试题集.第2卷,1964～1976	2015—03	18.00	454
历届巴尔干数学奥林匹克试题集	2015—05	38.00	466
保加利亚数学奥林匹克	2014—10	38.00	393
圣彼得堡数学奥林匹克试题集	2015—01	38.00	429
匈牙利奥林匹克数学竞赛题解.第1卷	2016—05	28.00	593
匈牙利奥林匹克数学竞赛题解.第2卷	2016—05	28.00	594
历届美国数学邀请赛试题集(第2版)	2017—10	78.00	851
全国高中数学竞赛试题及解答.第1卷	2014—07	38.00	331
普林斯顿大学数学竞赛	2016—06	38.00	669
亚太地区数学奥林匹克竞赛题	2015—07	18.00	492
日本历届(初级)广中杯数学竞赛试题及解答.第1卷(2000～2007)	2016—05	28.00	641
日本历届(初级)广中杯数学竞赛试题及解答.第2卷(2008～2015)	2016—05	38.00	642
360个数学竞赛问题	2016—08	58.00	677
奥数最佳实战题.上卷	2017—06	38.00	760
奥数最佳实战题.下卷	2017—05	58.00	761
哈尔滨市早期中学数学竞赛试题汇编	2016—07	28.00	672
全国高中数学联赛试题及解答:1981—2019(第4版)	2020—07	138.00	1176
20世纪50年代全国部分城市数学竞赛试题汇编	2017—07	28.00	797
国内外数学竞赛题及精解:2018～2019	2020—08	45.00	1192
许康华竞赛优学精选集.第一辑	2018—08	68.00	949
天问叶班数学问题征解100题.Ⅰ,2016—2018	2019—05	88.00	1075
天问叶班数学问题征解100题.Ⅱ,2017—2019	2020—07	98.00	1177
美国初中数学竞赛:AMC8准备(共6卷)	2019—07	138.00	1089
美国高中数学竞赛:AMC10准备(共6卷)	2019—08	158.00	1105
高考数学临门一脚(含密押三套卷)(理科版)	2017—01	45.00	743
高考数学临门一脚(含密押三套卷)(文科版)	2017—01	45.00	744
高考数学题型全归纳:文科版.上	2016—05	53.00	663
高考数学题型全归纳:文科版.下	2016—05	53.00	664
高考数学题型全归纳:理科版.上	2016—05	58.00	665
高考数学题型全归纳:理科版.下	2016—05	58.00	666

刘培杰数学工作室
已出版(即将出版)图书目录——初等数学

书　名	出版时间	定　价	编号
王连笑教你怎样学数学:高考选择题解题策略与客观题实用训练	2014—01	48.00	262
王连笑教你怎样学数学:高考数学高层次讲座	2015—02	48.00	432
高考数学的理论与实践	2009—08	38.00	53
高考数学核心题型解题方法与技巧	2010—01	28.00	86
高考思维新平台	2014—03	38.00	259
30分钟拿下高考数学选择题、填空题(理科版)	2016—10	39.80	720
30分钟拿下高考数学选择题、填空题(文科版)	2016—10	39.80	721
高考数学压轴题解题诀窍(上)(第2版)	2018—01	58.00	874
高考数学压轴题解题诀窍(下)(第2版)	2018—01	48.00	875
北京市五区文科数学三年高考模拟题详解:2013～2015	2015—08	48.00	500
北京市五区理科数学三年高考模拟题详解:2013～2015	2015—09	68.00	505
向量法巧解数学高考题	2009—08	28.00	54
高考数学解题金典(第2版)	2017—01	78.00	716
高考物理解题金典(第2版)	2019—05	68.00	717
高考化学解题金典(第2版)	2019—05	58.00	718
数学高考参考	2016—01	78.00	589
2011～2015年全国及各省市高考数学文科精品试题审题要津与解法研究	2015—10	68.00	539
2011～2015年全国及各省市高考数学理科精品试题审题要津与解法研究	2015—10	88.00	540
新课程标准高考数学解答题各种题型解法指导	2020—08	78.00	1196
2011年全国及各省市高考数学试题审题要津与解法研究	2011—10	48.00	139
2013年全国及各省市高考数学试题解析与点评	2014—01	48.00	282
全国及各省市高考数学试题审题要津与解法研究	2015—02	48.00	450
高中数学章节起始课的教学研究与案例设计	2019—05	28.00	1064
新课标高考数学——五年试题分章详解(2007～2011)(上、下)	2011—10	78.00	140,141
全国中考数学压轴题审题要津与解法研究	2013—04	78.00	248
新编全国及各省市中考数学压轴题审题要津与解法研究	2014—05	58.00	342
全国及各省市5年中考数学压轴题审题要津与解法研究(2015版)	2015—04	58.00	462
中考数学专题总复习	2007—04	28.00	6
中考数学较难题常考题型解题方法与技巧	2016—09	48.00	681
中考数学难题常考题型解题方法与技巧	2016—09	48.00	682
中考数学中档题常考题型解题方法与技巧	2017—08	68.00	835
中考数学选择填空压轴好题妙解365	2017—05	38.00	759
中考数学:三类重点考题的解法例析与习题	2020—04	48.00	1140
中小学数学的历史文化	2019—11	48.00	1124
初中平面几何百题多思创新解	2020—01	58.00	1125
初中数学中考备考	2020—01	58.00	1126
高考数学之九章演义	2019—08	68.00	1044
化学可以这样学:高中化学知识方法智慧感悟疑难辨析	2019—07	58.00	1103
如何成为学习高手	2019—09	58.00	1107
高考数学:经典真题分类解析	2020—04	78.00	1134
高考数学解答题破解策略	2020—11	58.00	1221
从分析解题过程学解题:高考压轴题与竞赛题之关系探究	2020—08	88.00	1179

刘培杰数学工作室
已出版(即将出版)图书目录——初等数学

书　名	出版时间	定价	编号
中考数学小压轴汇编初讲	2017－07	48.00	788
中考数学大压轴专题微言	2017－09	48.00	846
怎么解中考平面几何探索题	2019－06	48.00	1093
北京中考数学压轴题解题方法突破(第5版)	2020－01	58.00	1120
助你高考成功的数学解题智慧:知识是智慧的基础	2016－01	58.00	596
助你高考成功的数学解题智慧:错误是智慧的试金石	2016－04	58.00	643
助你高考成功的数学解题智慧:方法是智慧的推手	2016－04	68.00	657
高考数学奇思妙解	2016－04	38.00	610
高考数学解题策略	2016－05	48.00	670
数学解题泄天机(第2版)	2017－10	48.00	850
高考物理压轴题全解	2017－04	48.00	746
高中物理经典问题25讲	2017－05	28.00	764
高中物理教学讲义	2018－01	48.00	871
中学物理基础问题解析	2020－08	48.00	1183
2016年高考文科数学真题研究	2017－04	58.00	754
2016年高考理科数学真题研究	2017－04	78.00	755
2017年高考理科数学真题研究	2018－01	58.00	867
2017年高考文科数学真题研究	2018－01	48.00	868
初中数学、高中数学脱节知识补缺教材	2017－06	48.00	766
高考数学小题抢分必练	2017－10	48.00	834
高考数学核心素养解读	2017－09	38.00	839
高考数学客观题解题方法和技巧	2017－10	38.00	847
十年高考数学精品试题审题要津与解法研究.上卷	2018－01	68.00	872
十年高考数学精品试题审题要津与解法研究.下卷	2018－01	58.00	873
中国历届高考数学试题及解答.1949－1979	2018－01	38.00	877
历届中国高考数学试题及解答.第二卷,1980－1989	2018－10	28.00	975
历届中国高考数学试题及解答.第三卷,1990－1999	2018－10	48.00	976
数学文化与高考研究	2018－03	48.00	882
跟我学解高中数学题	2018－07	58.00	926
中学数学研究的方法及案例	2018－05	58.00	869
高考数学抢分技能	2018－07	68.00	934
高一新生常用数学方法和重要数学思想提升教材	2018－06	38.00	921
2018年高考数学真题研究	2019－01	68.00	1000
2019年高考数学真题研究	2020－05	88.00	1137
高考数学全国卷16道选择、填空题常考题型解题诀窍.理科	2018－09	88.00	971
高考数学全国卷16道选择、填空题常考题型解题诀窍.文科	2020－01	88.00	1123
高中数学一题多解	2019－06	58.00	1087

新编640个世界著名数学智力趣题	2014－01	88.00	242
500个最新世界著名数学智力趣题	2008－06	48.00	3
400个最新世界著名数学最值问题	2008－09	48.00	36
500个世界著名数学征解问题	2009－06	48.00	52
400个中国最佳初等数学征解老问题	2010－01	48.00	60
500个俄罗斯数学经典老题	2011－01	28.00	81
1000个国外中学物理好题	2012－04	48.00	174
300个日本高考数学题	2012－05	38.00	142
700个早期日本高考数学试题	2017－02	88.00	752
500个前苏联早期高考数学试题及解答	2012－05	28.00	185
546个早期俄罗斯大学生数学竞赛题	2014－03	38.00	285
548个来自美苏的数学好问题	2014－11	28.00	396
20所苏联著名大学早期入学试题	2015－02	18.00	452
161道德国工科大学生必做的微分方程习题	2015－05	28.00	469
500个德国工科大学生必做的高数习题	2015－06	28.00	478
360个数学竞赛问题	2016－08	58.00	677
200个趣味数学故事	2018－02	48.00	857
470个数学奥林匹克中的最值问题	2018－10	88.00	985
德国讲义日本考题.微积分卷	2015－04	48.00	456
德国讲义日本考题.微分方程卷	2015－04	38.00	457
二十世纪中叶中、英、美、日、法、俄高考数学试题精选	2017－06	38.00	783

刘培杰数学工作室
已出版(即将出版)图书目录——初等数学

书　名	出版时间	定　价	编号
中国初等数学研究　2009卷(第1辑)	2009−05	20.00	45
中国初等数学研究　2010卷(第2辑)	2010−05	30.00	68
中国初等数学研究　2011卷(第3辑)	2011−07	60.00	127
中国初等数学研究　2012卷(第4辑)	2012−07	48.00	190
中国初等数学研究　2014卷(第5辑)	2014−02	48.00	288
中国初等数学研究　2015卷(第6辑)	2015−06	68.00	493
中国初等数学研究　2016卷(第7辑)	2016−04	68.00	609
中国初等数学研究　2017卷(第8辑)	2017−01	98.00	712
初等数学研究在中国.第1辑	2019−03	158.00	1024
初等数学研究在中国.第2辑	2019−10	158.00	1116
几何变换(Ⅰ)	2014−07	28.00	353
几何变换(Ⅱ)	2015−06	28.00	354
几何变换(Ⅲ)	2015−01	38.00	355
几何变换(Ⅳ)	2015−12	38.00	356
初等数论难题集(第一卷)	2009−05	68.00	44
初等数论难题集(第二卷)(上、下)	2011−02	128.00	82,83
数论概貌	2011−03	18.00	93
代数数论(第二版)	2013−08	58.00	94
代数多项式	2014−06	38.00	289
初等数论的知识与问题	2011−02	28.00	95
超越数论基础	2011−03	28.00	96
数论初等教程	2011−03	28.00	97
数论基础	2011−03	18.00	98
数论基础与维诺格拉多夫	2014−03	18.00	292
解析数论基础	2012−08	28.00	216
解析数论基础(第二版)	2014−01	48.00	287
解析数论问题集(第二版)(原版引进)	2014−05	88.00	343
解析数论问题集(第二版)(中译本)	2016−04	88.00	607
解析数论基础(潘承洞,潘承彪著)	2016−07	98.00	673
解析数论导引	2016−07	58.00	674
数论入门	2011−03	38.00	99
代数数论入门	2015−03	38.00	448
数论开篇	2012−07	28.00	194
解析数论引论	2011−03	48.00	100
Barban Davenport Halberstam 均值和	2009−01	40.00	33
基础数论	2011−03	28.00	101
初等数论100例	2011−05	18.00	122
初等数论经典例题	2012−07	18.00	204
最新世界各国数学奥林匹克中的初等数论试题(上、下)	2012−01	138.00	144,145
初等数论(Ⅰ)	2012−01	18.00	156
初等数论(Ⅱ)	2012−01	18.00	157
初等数论(Ⅲ)	2012−01	28.00	158

刘培杰数学工作室
已出版(即将出版)图书目录——初等数学

书　名	出版时间	定　价	编号
平面几何与数论中未解决的新老问题	2013—01	68.00	229
代数数论简史	2014—11	28.00	408
代数数论	2015—09	88.00	532
代数、数论及分析习题集	2016—11	98.00	695
数论导引提要及习题解答	2016—01	48.00	559
素数定理的初等证明.第2版	2016—09	48.00	686
数论中的模函数与狄利克雷级数(第二版)	2017—11	78.00	837
数论:数学导引	2018—01	68.00	849
范氏大代数	2019—02	98.00	1016
解析数学讲义.第一卷,导来式及微分、积分、级数	2019—04	88.00	1021
解析数学讲义.第二卷,关于几何的应用	2019—04	68.00	1022
解析数学讲义.第三卷,解析函数论	2019—04	78.00	1023
分析·组合·数论纵横谈	2019—04	58.00	1039
Hall代数:民国时期的中学数学课本:英文	2019—08	88.00	1106
数学精神巡礼	2019—01	58.00	731
数学眼光透视(第2版)	2017—06	78.00	732
数学思想领悟(第2版)	2018—01	68.00	733
数学方法溯源(第2版)	2018—08	68.00	734
数学解题引论	2017—05	58.00	735
数学史话览胜(第2版)	2017—01	48.00	736
数学应用展观(第2版)	2017—08	68.00	737
数学建模尝试	2018—04	48.00	738
数学竞赛采风	2018—01	68.00	739
数学测评探营	2019—05	58.00	740
数学技能操握	2018—03	48.00	741
数学欣赏拾趣	2018—02	48.00	742
从毕达哥拉斯到怀尔斯	2007—10	48.00	9
从迪利克雷到维斯卡尔迪	2008—01	48.00	21
从哥德巴赫到陈景润	2008—05	98.00	35
从庞加莱到佩雷尔曼	2011—08	138.00	136
博弈论精粹	2008—03	58.00	30
博弈论精粹.第二版(精装)	2015—01	88.00	461
数学 我爱你	2008—01	28.00	20
精神的圣徒　别样的人生——60位中国数学家成长的历程	2008—09	48.00	39
数学史概论	2009—06	78.00	50
数学史概论(精装)	2013—03	158.00	272
数学史选讲	2016—01	48.00	544
斐波那契数列	2010—02	28.00	65
数学拼盘和斐波那契魔方	2010—07	38.00	72
斐波那契数列欣赏(第2版)	2018—08	58.00	948
Fibonacci数列中的明珠	2018—06	58.00	928
数学的创造	2011—02	48.00	85
数学美与创造力	2016—01	48.00	595
数海拾贝	2016—01	48.00	590
数学中的美(第2版)	2019—04	68.00	1057
数论中的美学	2014—12	38.00	351

刘培杰数学工作室
已出版(即将出版)图书目录——初等数学

书　　名	出版时间	定　价	编号
数学王者　科学巨人——高斯	2015—01	28.00	428
振兴祖国数学的圆梦之旅:中国初等数学研究史话	2015—06	98.00	490
二十世纪中国数学史料研究	2015—10	48.00	536
数字谜、数阵图与棋盘覆盖	2016—01	58.00	298
时间的形状	2016—01	38.00	556
数学发现的艺术:数学探索中的合情推理	2016—07	58.00	671
活跃在数学中的参数	2016—07	48.00	675
数学解题——靠数学思想给力(上)	2011—07	38.00	131
数学解题——靠数学思想给力(中)	2011—07	48.00	132
数学解题——靠数学思想给力(下)	2011—07	38.00	133
我怎样解题	2013—01	48.00	227
数学解题中的物理方法	2011—06	28.00	114
数学解题的特殊方法	2011—06	48.00	115
中学数学计算技巧(第2版)	2020—10	48.00	1220
中学数学证明方法	2012—01	58.00	117
数学趣题巧解	2012—03	28.00	128
高中数学教学通鉴	2015—05	58.00	479
和高中生漫谈:数学与哲学的故事	2014—08	28.00	369
算术问题集	2017—03	38.00	789
张教授讲数学	2018—07	38.00	933
陈永明实话实说数学教学	2020—04	68.00	1132
中学数学学科知识与教学能力	2020—06	58.00	1155
自主招生考试中的参数方程问题	2015—01	28.00	435
自主招生考试中的极坐标问题	2015—04	28.00	463
近年全国重点大学自主招生数学试题全解及研究.华约卷	2015—02	38.00	441
近年全国重点大学自主招生数学试题全解及研究.北约卷	2016—05	38.00	619
自主招生数学解证宝典	2015—09	48.00	535
格点和面积	2012—07	18.00	191
射影几何趣谈	2012—04	28.00	175
斯潘纳尔引理——从一道加拿大数学奥林匹克试题谈起	2014—01	28.00	228
李普希兹条件——从几道近年高考数学试题谈起	2012—10	18.00	221
拉格朗日中值定理——从一道北京高考试题的解法谈起	2015—10	18.00	197
闵科夫斯基定理——从一道清华大学自主招生试题谈起	2014—01	28.00	198
哈尔测度——从一道冬令营试题的背景谈起	2012—08	28.00	202
切比雪夫逼近问题——从一道中国台北数学奥林匹克试题谈起	2013—04	38.00	238
伯恩斯坦多项式与贝齐尔曲面——从一道全国高中数学联赛试题谈起	2013—03	38.00	236
卡塔兰猜想——从一道普特南竞赛试题谈起	2013—06	18.00	256
麦卡锡函数和阿克曼函数——从一道前南斯拉夫数学奥林匹克试题谈起	2012—08	18.00	201
贝蒂定理与拉姆斯克莫尔定理——从一个拣石子游戏谈起	2012—08	18.00	217
皮亚诺曲线和豪斯道夫分球定理——从无限集谈起	2012—08	18.00	211
平面凸图形与凸多面体	2012—10	28.00	218
斯坦因豪斯问题——从一道二十五省市自治区中学数学竞赛试题谈起	2012—07	18.00	196

刘培杰数学工作室
已出版(即将出版)图书目录——初等数学

书　名	出版时间	定　价	编号
纽结理论中的亚历山大多项式与琼斯多项式——从一道北京市高一数学竞赛试题谈起	2012-07	28.00	195
原则与策略——从波利亚"解题表"谈起	2013-04	38.00	244
转化与化归——从三大尺规作图不能问题谈起	2012-08	28.00	214
代数几何中的贝祖定理(第一版)——从一道IMO试题的解法谈起	2013-08	18.00	193
成功连贯理论与约当块理论——从一道比利时数学竞赛试题谈起	2012-04	18.00	180
素数判定与大数分解	2014-08	18.00	199
置换多项式及其应用	2012-10	18.00	220
椭圆函数与模函数——从一道美国加州大学洛杉矶分校(UCLA)博士资格考题谈起	2012-10	28.00	219
差分方程的拉格朗日方法——从一道2011年全国高考理科试题的解法谈起	2012-08	28.00	200
力学在几何中的一些应用	2013-01	38.00	240
从根式解到伽罗华理论	2020-01	48.00	1121
康托洛维奇不等式——从一道全国高中联赛试题谈起	2013-03	28.00	337
西格尔引理——从一道第18届IMO试题的解法谈起	即将出版		
罗斯定理——从一道前苏联数学竞赛试题谈起	即将出版		
拉克斯定理和阿廷定理——从一道IMO试题的解法谈起	2014-01	58.00	246
毕卡大定理——从一道美国大学数学竞赛试题谈起	2014-07	18.00	350
贝齐尔曲线——从一道全国高中联赛试题谈起	即将出版		
拉格朗日乘子定理——从一道2005年全国高中联赛试题的高等数学解法谈起	2015-05	28.00	480
雅可比定理——从一道日本数学奥林匹克试题谈起	2013-04	48.00	249
李天岩－约克定理——从一道波兰数学竞赛试题谈起	2014-06	28.00	349
整系数多项式因式分解的一般方法——从克朗耐克算法谈起	即将出版		
布劳维不动点定理——从一道前苏联数学奥林匹克试题谈起	2014-01	38.00	273
伯恩赛德定理——从一道英国数学奥林匹克试题谈起	即将出版		
布查特－莫斯特定理——从一道上海市初中竞赛试题谈起	即将出版		
数论中的同余数问题——从一道普特南竞赛试题谈起	即将出版		
范·德蒙行列式——从一道美国数学奥林匹克试题谈起	即将出版		
中国剩余定理:总数法构建中国历史年表	2015-01	28.00	430
牛顿程序与方程求根——从一道全国高考试题解法谈起	即将出版		
库默尔定理——从一道IMO预选试题谈起	即将出版		
卢丁定理——从一道冬令营试题的解法谈起	即将出版		
沃斯滕霍姆定理——从一道IMO预选试题谈起	即将出版		
卡尔松不等式——从一道莫斯科数学奥林匹克试题谈起	即将出版		
信息论中的香农熵——从一道近年高考压轴题谈起	即将出版		
约当不等式——从一道希望杯竞赛试题谈起	即将出版		
拉比诺维奇定理	即将出版		
刘维尔定理——从一道《美国数学月刊》征解问题的解法谈起	即将出版		
卡塔兰恒等式与级数求和——从一道IMO试题的解法谈起	即将出版		
勒让德猜想与素数分布——从一道爱尔兰竞赛试题谈起	即将出版		
天平称重与信息论——从一道基辅市数学奥林匹克试题谈起	即将出版		
哈密尔顿－凯莱定理:从一道高中数学联赛试题的解法谈起	2014-09	18.00	376
艾思特曼定理——从一道CMO试题的解法谈起	即将出版		

刘培杰数学工作室
已出版(即将出版)图书目录——初等数学

书　名	出版时间	定价	编号
阿贝尔恒等式与经典不等式及应用	2018－06	98.00	923
迪利克雷除数问题	2018－07	48.00	930
幻方、幻立方与拉丁方	2019－08	48.00	1092
帕斯卡三角形	2014－03	18.00	294
蒲丰投针问题——从2009年清华大学的一道自主招生试题谈起	2014－01	38.00	295
斯图姆定理——从一道"华约"自主招生试题的解法谈起	2014－01	18.00	296
许瓦兹引理——从一道加利福尼亚大学伯克利分校数学系博士生试题谈起	2014－08	18.00	297
拉姆塞定理——从王诗宬院士的一个问题谈起	2016－04	48.00	299
坐标法	2013－12	28.00	332
数论三角形	2014－04	38.00	341
毕克定理	2014－07	18.00	352
数林掠影	2014－09	48.00	389
我们周围的概率	2014－10	38.00	390
凸函数最值定理:从一道华约自主招生题的解法谈起	2014－10	28.00	391
易学与数学奥林匹克	2014－10	38.00	392
生物数学趣谈	2015－01	18.00	409
反演	2015－01	28.00	420
因式分解与圆锥曲线	2015－01	18.00	426
轨迹	2015－01	28.00	427
面积原理:从常庚哲命的一道CMO试题的积分解法谈起	2015－01	48.00	431
形形色色的不动点定理:从一道28届IMO试题谈起	2015－01	38.00	439
柯西函数方程:从一道上海交大自主招生的试题谈起	2015－02	28.00	440
三角恒等式	2015－02	28.00	442
无理性判定:从一道2014年"北约"自主招生试题谈起	2015－01	38.00	443
数学归纳法	2015－03	18.00	451
极端原理与解题	2015－04	28.00	464
法雷级数	2014－08	18.00	367
摆线族	2015－01	38.00	438
函数方程及其解法	2015－05	38.00	470
含参数的方程和不等式	2012－09	28.00	213
希尔伯特第十问题	2016－01	38.00	543
无穷小量的求和	2016－01	28.00	545
切比雪夫多项式:从一道清华大学金秋营试题谈起	2016－01	38.00	583
泽肯多夫定理	2016－03	38.00	599
代数等式证题法	2016－01	28.00	600
三角等式证题法	2016－01	28.00	601
吴大任教授藏书中的一个因式分解公式:从一道美国数学邀请赛试题的解法谈起	2016－06	28.00	656
易卦——类万物的数学模型	2017－08	68.00	838
"不可思议"的数与数系可持续发展	2018－01	38.00	878
最短线	2018－01	38.00	879
幻方和魔方(第一卷)	2012－05	68.00	173
尘封的经典——初等数学经典文献选读(第一卷)	2012－07	48.00	205
尘封的经典——初等数学经典文献选读(第二卷)	2012－07	38.00	206
初级方程式论	2011－03	28.00	106
初等数学研究(Ⅰ)	2008－09	68.00	37
初等数学研究(Ⅱ)(上、下)	2009－05	118.00	46,47

刘培杰数学工作室
已出版（即将出版）图书目录——初等数学

书　名	出版时间	定　价	编号
趣味初等方程妙题集锦	2014—09	48.00	388
趣味初等数论选美与欣赏	2015—02	48.00	445
耕读笔记(上卷)：一位农民数学爱好者的初数探索	2015—04	28.00	459
耕读笔记(中卷)：一位农民数学爱好者的初数探索	2015—05	28.00	483
耕读笔记(下卷)：一位农民数学爱好者的初数探索	2015—05	28.00	484
几何不等式研究与欣赏.上卷	2016—01	88.00	547
几何不等式研究与欣赏.下卷	2016—01	48.00	552
初等数列研究与欣赏·上	2016—01	48.00	570
初等数列研究与欣赏·下	2016—01	48.00	571
趣味初等函数研究与欣赏.上	2016—09	48.00	684
趣味初等函数研究与欣赏.下	2018—09	48.00	685
三角不等式研究与欣赏	2020—10	68.00	1197
火柴游戏	2016—05	38.00	612
智力解谜.第1卷	2017—07	38.00	613
智力解谜.第2卷	2017—07	38.00	614
故事智力	2016—07	48.00	615
名人们喜欢的智力问题	2020—01	48.00	616
数学大师的发现、创造与失误	2018—01	48.00	617
异曲同工	2018—09	48.00	618
数学的味道	2018—01	58.00	798
数学千字文	2018—10	68.00	977
数贝偶拾——高考数学题研究	2014—04	28.00	274
数贝偶拾——初等数学研究	2014—04	38.00	275
数贝偶拾——奥数题研究	2014—04	48.00	276
钱昌本教你快乐学数学(上)	2011—12	48.00	155
钱昌本教你快乐学数学(下)	2012—03	58.00	171
集合、函数与方程	2014—01	28.00	300
数列与不等式	2014—01	38.00	301
三角与平面向量	2014—01	28.00	302
平面解析几何	2014—01	38.00	303
立体几何与组合	2014—01	28.00	304
极限与导数、数学归纳法	2014—01	38.00	305
趣味数学	2014—03	28.00	306
教材教法	2014—04	68.00	307
自主招生	2014—05	58.00	308
高考压轴题(上)	2015—01	48.00	309
高考压轴题(下)	2014—10	68.00	310
从费马到怀尔斯——费马大定理的历史	2013—10	198.00	I
从庞加莱到佩雷尔曼——庞加莱猜想的历史	2013—10	298.00	II
从切比雪夫到爱尔特希(上)——素数定理的初等证明	2013—07	48.00	III
从切比雪夫到爱尔特希(下)——素数定理100年	2012—12	98.00	III
从高斯到盖尔方特——二次域的高斯猜想	2013—10	198.00	IV
从库默尔到朗兰兹——朗兰兹猜想的历史	2014—01	98.00	V
从比勃巴赫到德布朗斯——比勃巴赫猜想的历史	2014—02	298.00	VI
从麦比乌斯到陈省身——麦比乌斯变换与麦比乌斯带	2014—02	298.00	VII
从布尔到豪斯道夫——布尔方程与格论漫谈	2013—10	198.00	VIII
从开普勒到阿诺德——三体问题的历史	2014—05	298.00	IX
从华林到华罗庚——华林问题的历史	2013—10	298.00	X

刘培杰数学工作室
已出版(即将出版)图书目录——初等数学

书　　名	出版时间	定　价	编号
美国高中数学竞赛五十讲.第1卷(英文)	2014-08	28.00	357
美国高中数学竞赛五十讲.第2卷(英文)	2014-08	28.00	358
美国高中数学竞赛五十讲.第3卷(英文)	2014-09	28.00	359
美国高中数学竞赛五十讲.第4卷(英文)	2014-09	28.00	360
美国高中数学竞赛五十讲.第5卷(英文)	2014-10	28.00	361
美国高中数学竞赛五十讲.第6卷(英文)	2014-11	28.00	362
美国高中数学竞赛五十讲.第7卷(英文)	2014-12	28.00	363
美国高中数学竞赛五十讲.第8卷(英文)	2015-01	28.00	364
美国高中数学竞赛五十讲.第9卷(英文)	2015-01	28.00	365
美国高中数学竞赛五十讲.第10卷(英文)	2015-02	38.00	366
三角函数(第2版)	2017-04	38.00	626
不等式	2014-01	38.00	312
数列	2014-01	38.00	313
方程(第2版)	2017-04	38.00	624
排列和组合	2014-01	28.00	315
极限与导数(第2版)	2016-04	38.00	635
向量(第2版)	2018-08	58.00	627
复数及其应用	2014-08	28.00	318
函数	2014-01	38.00	319
集合	2020-01	48.00	320
直线与平面	2014-01	28.00	321
立体几何(第2版)	2016-04	38.00	629
解三角形	即将出版		323
直线与圆(第2版)	2016-11	38.00	631
圆锥曲线(第2版)	2016-09	48.00	632
解题通法(一)	2014-07	38.00	326
解题通法(二)	2014-07	38.00	327
解题通法(三)	2014-05	38.00	328
概率与统计	2014-01	28.00	329
信息迁移与算法	即将出版		330
IMO 50年.第1卷(1959-1963)	2014-11	28.00	377
IMO 50年.第2卷(1964-1968)	2014-11	28.00	378
IMO 50年.第3卷(1969-1973)	2014-09	28.00	379
IMO 50年.第4卷(1974-1978)	2016-04	38.00	380
IMO 50年.第5卷(1979-1984)	2015-04	38.00	381
IMO 50年.第6卷(1985-1989)	2015-04	58.00	382
IMO 50年.第7卷(1990-1994)	2016-01	48.00	383
IMO 50年.第8卷(1995-1999)	2016-06	38.00	384
IMO 50年.第9卷(2000-2004)	2015-04	58.00	385
IMO 50年.第10卷(2005-2009)	2016-01	48.00	386
IMO 50年.第11卷(2010-2015)	2017-03	48.00	646

刘培杰数学工作室
已出版(即将出版)图书目录——初等数学

书 名	出版时间	定 价	编号
数学反思(2006—2007)	2020—09	88.00	915
数学反思(2008—2009)	2019—01	68.00	917
数学反思(2010—2011)	2018—05	58.00	916
数学反思(2012—2013)	2019—01	58.00	918
数学反思(2014—2015)	2019—03	78.00	919
历届美国大学生数学竞赛试题集.第一卷(1938—1949)	2015—01	28.00	397
历届美国大学生数学竞赛试题集.第二卷(1950—1959)	2015—01	28.00	398
历届美国大学生数学竞赛试题集.第三卷(1960—1969)	2015—01	28.00	399
历届美国大学生数学竞赛试题集.第四卷(1970—1979)	2015—01	18.00	400
历届美国大学生数学竞赛试题集.第五卷(1980—1989)	2015—01	28.00	401
历届美国大学生数学竞赛试题集.第六卷(1990—1999)	2015—01	28.00	402
历届美国大学生数学竞赛试题集.第七卷(2000—2009)	2015—08	18.00	403
历届美国大学生数学竞赛试题集.第八卷(2010—2012)	2015—01	18.00	404
新课标高考数学创新题解题诀窍:总论	2014—09	28.00	372
新课标高考数学创新题解题诀窍:必修1～5分册	2014—08	38.00	373
新课标高考数学创新题解题诀窍:选修2－1,2－2,1－1,1－2分册	2014—09	38.00	374
新课标高考数学创新题解题诀窍:选修2－3,4－4,4－5分册	2014—09	18.00	375
全国重点大学自主招生英文数学试题全攻略:词汇卷	2015—07	48.00	410
全国重点大学自主招生英文数学试题全攻略:概念卷	2015—01	28.00	411
全国重点大学自主招生英文数学试题全攻略:文章选读卷(上)	2016—09	38.00	412
全国重点大学自主招生英文数学试题全攻略:文章选读卷(下)	2017—01	58.00	413
全国重点大学自主招生英文数学试题全攻略:试题卷	2015—07	38.00	414
全国重点大学自主招生英文数学试题全攻略:名著欣赏卷	2017—03	48.00	415
劳埃德数学趣题大全.题目卷.1:英文	2016—01	18.00	516
劳埃德数学趣题大全.题目卷.2:英文	2016—01	18.00	517
劳埃德数学趣题大全.题目卷.3:英文	2016—01	18.00	518
劳埃德数学趣题大全.题目卷.4:英文	2016—01	18.00	519
劳埃德数学趣题大全.题目卷.5:英文	2016—01	18.00	520
劳埃德数学趣题大全.答案卷:英文	2016—01	18.00	521
李成章教练奥数笔记.第1卷	2016—01	48.00	522
李成章教练奥数笔记.第2卷	2016—01	48.00	523
李成章教练奥数笔记.第3卷	2016—01	38.00	524
李成章教练奥数笔记.第4卷	2016—01	38.00	525
李成章教练奥数笔记.第5卷	2016—01	38.00	526
李成章教练奥数笔记.第6卷	2016—01	38.00	527
李成章教练奥数笔记.第7卷	2016—01	38.00	528
李成章教练奥数笔记.第8卷	2016—01	48.00	529
李成章教练奥数笔记.第9卷	2016—01	28.00	530

刘培杰数学工作室
已出版(即将出版)图书目录——初等数学

书　　名	出版时间	定　价	编号
第19~23届"希望杯"全国数学邀请赛试题审题要津详细评注(初一版)	2014—03	28.00	333
第19~23届"希望杯"全国数学邀请赛试题审题要津详细评注(初二、初三版)	2014—03	38.00	334
第19~23届"希望杯"全国数学邀请赛试题审题要津详细评注(高一版)	2014—03	28.00	335
第19~23届"希望杯"全国数学邀请赛试题审题要津详细评注(高二版)	2014—03	38.00	336
第19~25届"希望杯"全国数学邀请赛试题审题要津详细评注(初一版)	2015—01	38.00	416
第19~25届"希望杯"全国数学邀请赛试题审题要津详细评注(初二、初三版)	2015—01	58.00	417
第19~25届"希望杯"全国数学邀请赛试题审题要津详细评注(高一版)	2015—01	48.00	418
第19~25届"希望杯"全国数学邀请赛试题审题要津详细评注(高二版)	2015—01	48.00	419
物理奥林匹克竞赛大题典——力学卷	2014—11	48.00	405
物理奥林匹克竞赛大题典——热学卷	2014—04	28.00	339
物理奥林匹克竞赛大题典——电磁学卷	2015—07	48.00	406
物理奥林匹克竞赛大题典——光学与近代物理卷	2014—06	28.00	345
历届中国东南地区数学奥林匹克试题集(2004~2012)	2014—06	18.00	346
历届中国西部地区数学奥林匹克试题集(2001~2012)	2014—07	18.00	347
历届中国女子数学奥林匹克试题集(2002~2012)	2014—08	18.00	348
数学奥林匹克在中国	2014—06	98.00	344
数学奥林匹克问题集	2014—01	38.00	267
数学奥林匹克不等式散论	2010—06	38.00	124
数学奥林匹克不等式欣赏	2011—09	38.00	138
数学奥林匹克超级题库(初中卷上)	2010—01	58.00	66
数学奥林匹克不等式证明方法和技巧(上、下)	2011—08	158.00	134,135
他们学什么:原民主德国中学数学课本	2016—09	38.00	658
他们学什么:英国中学数学课本	2016—09	38.00	659
他们学什么:法国中学数学课本.1	2016—09	38.00	660
他们学什么:法国中学数学课本.2	2016—09	28.00	661
他们学什么:法国中学数学课本.3	2016—09	38.00	662
他们学什么:苏联中学数学课本	2016—09	28.00	679
高中数学题典——集合与简易逻辑·函数	2016—07	48.00	647
高中数学题典——导数	2016—07	48.00	648
高中数学题典——三角函数·平面向量	2016—07	48.00	649
高中数学题典——数列	2016—07	58.00	650
高中数学题典——不等式·推理与证明	2016—07	38.00	651
高中数学题典——立体几何	2016—07	48.00	652
高中数学题典——平面解析几何	2016—07	78.00	653
高中数学题典——计数原理·统计·概率·复数	2016—07	48.00	654
高中数学题典——算法·平面几何·初等数论·组合数学·其他	2016—07	68.00	655

刘培杰数学工作室
已出版(即将出版)图书目录——初等数学

书 名	出版时间	定 价	编号
台湾地区奥林匹克数学竞赛试题.小学一年级	2017—03	38.00	722
台湾地区奥林匹克数学竞赛试题.小学二年级	2017—03	38.00	723
台湾地区奥林匹克数学竞赛试题.小学三年级	2017—03	38.00	724
台湾地区奥林匹克数学竞赛试题.小学四年级	2017—03	38.00	725
台湾地区奥林匹克数学竞赛试题.小学五年级	2017—03	38.00	726
台湾地区奥林匹克数学竞赛试题.小学六年级	2017—03	38.00	727
台湾地区奥林匹克数学竞赛试题.初中一年级	2017—03	38.00	728
台湾地区奥林匹克数学竞赛试题.初中二年级	2017—03	38.00	729
台湾地区奥林匹克数学竞赛试题.初中三年级	2017—03	28.00	730
不等式证题法	2017—04	28.00	747
平面几何培优教程	2019—08	88.00	748
奥数鼎级培优教程.高一分册	2018—09	88.00	749
奥数鼎级培优教程.高二分册.上	2018—04	68.00	750
奥数鼎级培优教程.高二分册.下	2018—04	68.00	751
高中数学竞赛冲刺宝典	2019—04	68.00	883
初中尖子生数学超级题典.实数	2017—07	58.00	792
初中尖子生数学超级题典.式、方程与不等式	2017—08	58.00	793
初中尖子生数学超级题典.圆、面积	2017—08	38.00	794
初中尖子生数学超级题典.函数、逻辑推理	2017—08	48.00	795
初中尖子生数学超级题典.角、线段、三角形与多边形	2017—07	58.00	796
数学王子——高斯	2018—01	48.00	858
坎坷奇星——阿贝尔	2018—01	48.00	859
闪烁奇星——伽罗瓦	2018—01	58.00	860
无穷统帅——康托尔	2018—01	48.00	861
科学公主——柯瓦列夫斯卡娅	2018—01	48.00	862
抽象代数之母——埃米·诺特	2018—01	48.00	863
电脑先驱——图灵	2018—01	58.00	864
昔日神童——维纳	2018—01	48.00	865
数坛怪侠——爱尔特希	2018—01	68.00	866
传奇数学家徐利治	2019—09	88.00	1110
当代世界中的数学.数学思想与数学基础	2019—01	38.00	892
当代世界中的数学.数学问题	2019—01	38.00	893
当代世界中的数学.应用数学与数学应用	2019—01	38.00	894
当代世界中的数学.数学王国的新疆域(一)	2019—01	38.00	895
当代世界中的数学.数学王国的新疆域(二)	2019—01	38.00	896
当代世界中的数学.数林撷英(一)	2019—01	38.00	897
当代世界中的数学.数林撷英(二)	2019—01	48.00	898
当代世界中的数学.数学之路	2019—01	38.00	899

刘培杰数学工作室
已出版(即将出版)图书目录——初等数学

书　名	出版时间	定　价	编号
105 个代数问题:来自 AwesomeMath 夏季课程	2019－02	58.00	956
106 个几何问题:来自 AwesomeMath 夏季课程	2020－07	58.00	957
107 个几何问题:来自 AwesomeMath 全年课程	2020－07	58.00	958
108 个代数问题:来自 AwesomeMath 全年课程	2019－01	68.00	959
109 个不等式:来自 AwesomeMath 夏季课程	2019－04	58.00	960
国际数学奥林匹克中的 110 个几何问题	即将出版		961
111 个代数和数论问题	2019－05	58.00	962
112 个组合问题:来自 AwesomeMath 夏季课程	2019－05	58.00	963
113 个几何不等式:来自 AwesomeMath 夏季课程	2020－08	58.00	964
114 个指数和对数问题:来自 AwesomeMath 夏季课程	2019－09	48.00	965
115 个三角问题:来自 AwesomeMath 夏季课程	2019－09	58.00	966
116 个代数不等式:来自 AwesomeMath 全年课程	2019－04	58.00	967
紫色彗星国际数学竞赛试题	2019－02	58.00	999
数学竞赛中的数学:为数学爱好者、父母、教师和教练准备的丰富资源.第一部	2020－04	58.00	1141
数学竞赛中的数学:为数学爱好者、父母、教师和教练准备的丰富资源.第二部	2020－07	48.00	1142
和与积	2020－10	38.00	1219
澳大利亚中学数学竞赛试题及解答(初级卷)1978～1984	2019－02	28.00	1002
澳大利亚中学数学竞赛试题及解答(初级卷)1985～1991	2019－02	28.00	1003
澳大利亚中学数学竞赛试题及解答(初级卷)1992～1998	2019－02	28.00	1004
澳大利亚中学数学竞赛试题及解答(初级卷)1999～2005	2019－02	28.00	1005
澳大利亚中学数学竞赛试题及解答(中级卷)1978～1984	2019－03	28.00	1006
澳大利亚中学数学竞赛试题及解答(中级卷)1985～1991	2019－03	28.00	1007
澳大利亚中学数学竞赛试题及解答(中级卷)1992～1998	2019－03	28.00	1008
澳大利亚中学数学竞赛试题及解答(中级卷)1999～2005	2019－03	28.00	1009
澳大利亚中学数学竞赛试题及解答(高级卷)1978～1984	2019－05	28.00	1010
澳大利亚中学数学竞赛试题及解答(高级卷)1985～1991	2019－05	28.00	1011
澳大利亚中学数学竞赛试题及解答(高级卷)1992～1998	2019－05	28.00	1012
澳大利亚中学数学竞赛试题及解答(高级卷)1999～2005	2019－05	28.00	1013
天才中小学生智力测验题.第一卷	2019－03	38.00	1026
天才中小学生智力测验题.第二卷	2019－03	38.00	1027
天才中小学生智力测验题.第三卷	2019－03	38.00	1028
天才中小学生智力测验题.第四卷	2019－03	38.00	1029
天才中小学生智力测验题.第五卷	2019－03	38.00	1030
天才中小学生智力测验题.第六卷	2019－03	38.00	1031
天才中小学生智力测验题.第七卷	2019－03	38.00	1032
天才中小学生智力测验题.第八卷	2019－03	38.00	1033
天才中小学生智力测验题.第九卷	2019－03	38.00	1034
天才中小学生智力测验题.第十卷	2019－03	38.00	1035
天才中小学生智力测验题.第十一卷	2019－03	38.00	1036
天才中小学生智力测验题.第十二卷	2019－03	38.00	1037
天才中小学生智力测验题.第十三卷	2019－03	38.00	1038

刘培杰数学工作室
已出版(即将出版)图书目录——初等数学

书　　名	出版时间	定　价	编号
重点大学自主招生数学备考全书:函数	2020—05	48.00	1047
重点大学自主招生数学备考全书:导数	2020—08	48.00	1048
重点大学自主招生数学备考全书:数列与不等式	2019—10	78.00	1049
重点大学自主招生数学备考全书:三角函数与平面向量	2020—08	68.00	1050
重点大学自主招生数学备考全书:平面解析几何	2020—07	58.00	1051
重点大学自主招生数学备考全书:立体几何与平面几何	2019—08	48.00	1052
重点大学自主招生数学备考全书:排列组合·概率统计·复数	2019—09	48.00	1053
重点大学自主招生数学备考全书:初等数论与组合数学	2019—08	48.00	1054
重点大学自主招生数学备考全书:重点大学自主招生真题.上	2019—04	68.00	1055
重点大学自主招生数学备考全书:重点大学自主招生真题.下	2019—04	58.00	1056
高中数学竞赛培训教程:平面几何问题的求解方法与策略.上	2018—05	68.00	906
高中数学竞赛培训教程:平面几何问题的求解方法与策略.下	2018—06	78.00	907
高中数学竞赛培训教程:整除与同余以及不定方程	2018—01	88.00	908
高中数学竞赛培训教程:组合计数与组合极值	2018—04	48.00	909
高中数学竞赛培训教程:初等代数	2019—04	78.00	1042
高中数学讲座:数学竞赛基础教程(第一册)	2019—06	48.00	1094
高中数学讲座:数学竞赛基础教程(第二册)	即将出版		1095
高中数学讲座:数学竞赛基础教程(第三册)	即将出版		1096
高中数学讲座:数学竞赛基础教程(第四册)	即将出版		1097

联系地址:哈尔滨市南岗区复华四道街 10 号　哈尔滨工业大学出版社刘培杰数学工作室
网　　址:http://lpj.hit.edu.cn/
邮　　编:150006
联系电话:0451—86281378　　13904613167
E-mail:lpj1378@163.com